INVENTAIRE
V 40,106

J. Georges fils.

Exercices et problèmes de l'arithmétique décimale.

Nouv. édition.

EXERCICES ET PROBLÈMES

DE

L'ARITHMÉTIQUE DÉCIMALE

Ouvrages qui se trouvent à a même Librairie :

RECUEIL DE PROBLÈMES NUMÉRIQUES, renfermant, dans
2134 Exercices et Problèmes distincts, plus de 3,000 Questions
graduées sur toutes les parties de l'Arithmétique ; ouvrage des-
tiné aux Elèves de toutes les écoles, et rédigé pour servir d'appli-
cation à tous les traités d'Arithmétique; par J. GEORGE fils (1850).
EXERCICES ET PROBLÈMES (*Partie de l'Elève*). 1 vol. in-12, car-
tonné, 2e édition   1 fr. 75 c.

RÉPONSES ET SOLUTIONS (*Partie du Maître*). 1 vol. in-12 car-
tonné. 2e édition corrigée avec soin,   ·   1 fr. 50 c.

ARPENTAGE (TRAITÉ ÉLÉMENTAIRE D'), à l'usage des Ecoles primaires; par M. LUÇON, Bachelier ès sciences, Inspecteur de
l'instruction primaire, *autorisé par l'Université.* 3e édition,
augmentée de Notions sur la Mesure des Solides et de 3 planches nouvelles. 1 vol in-12 broc.   1 fr. 75 c.

INSTRUCTION SUR LA TENUE DES REGISTRES DE L'ETAT
CIVIL ET SUR LA REDACTION DES PROCES-VERBAUX,
à l'usage des Secrétaires de Mairie et des Elèves des Ecoles
Normales, par A. Giroud. *Ouvrage autorisé par l'Université.*
5e édit. 1 vol. in-12 broc.   1 fr.

COURS D'INSTRUCTION PRIMAIRE ÉLÉMENTAIRE, *Divisé
en 6 années*, et publié en 2 Tableaux ; par M. H. PAYEN, Inspecteur des Ecoles Primaires de la Charente-Inférieure, ancien
Directeur d'Ecoles Normales, etc.

1er Tableau. — Directions Pratiques pour les Instituteurs et les
Institutrices Primaires, conformes aux prescriptions des articles
du Statut du 25 avril 1834.

2e Tableau. — Direction d'une Ecole primaire Elémentaire, d'a-
près la Méthode Mixte (Simultanée ou Mutuelle), ou *Simultanée
Pure*, avec le Tableau de la distribution du Temps et du Travail.
Les deux feuilles sur grand raisin,   1 fr. 50 c.

ART DE CONJUGUER (L'), ou Simples Modèles de Conjugaisons
pour tous les verbes de la langue française ; Ouvrage à l'aide du-
quel on peut apprendre aisément à conjuguer tous les verbes régu-
liers ou irréguliers, faciles ou difficiles, etc.; suivi de la Liste al-
phabétique de tous les Verbes ; par M. BESCHERELLE aîné, de la
Bibliothèque du Louvre. 1 vol. in-18 jésus, broché.   2 fr. 50 c.

EXERCICES ET PROBLÈMES

DE

L'ARITHMÉTIQUE DÉCIMALE

SUIVIS

DES RÉPONSES ET SOLUTIONS RAISONNÉES

PAR J. GEORGE FILS

Licencié ès lettres

NOUVELLE ÉDITION

REVUE ET CORRIGÉE AVEC SOIN

PARIS

Librairie Ecclésiastique, Classique et Élémentaire

DE CH. FOURAUT

RUE SAINT-ANDRÉ-DES-ARTS, 47

1858

· Tout exemplaire non revêtu de ma griffe sera réputé contrefait.

Paris.—Typ. de Mme Ve Dondey-Dupré, rue Saint-Louis, 46.

EXERCICES ET PROBLÈMES

DE

L'ARITHMÉTIQUE DÉCIMALE

NUMÉRATION

Exercices sur la formation des nombres entiers et décimaux, et sur la manière de les représenter.

1. Quelle place les unités de million occuperont-elles dans un nombre, par rapport aux unités simples?

Réponse. Ces unités occuperont le *septième rang*.

2. Quelle est l'espèce d'unité immédiatement supérieure aux dizaines de mille?

Réponse. C'est la *centaine de mille*.

3. Entre quelles espèces d'unités les centaines de mille sont-elles placées?

Réponse. Entre les *unités de million* et les *dizaines de mille*.

4. Combien faut-il de dizaines d'unités simples pour faire une centaine de mille?

Réponse. Il en faut *dix mille*.

5. Quelle est l'espèce d'unité qui vaut, à elle seule, dix mille centaines?

Réponse. C'est le *million*.

6. Quel rang occupera, dans un nombre, le chiffre 9 exprimant des centaines de millions?

Réponse. Le chiffre 9 occupera le *neuvième rang*.

7. Le chiffre 6 occupe dans un nombre le 5ᵉ rang à gauche; quelles unités représente-t-il?

Réponse. Le chiffre 6 représente des *dizaines de mille*.

8. Quelle place occupera dans une fraction décimale le chiffre des millionièmes?

Réponse. Il aura le *sixième rang à droite de la virgule*.

9. Quelles unités représente dans un nombre décimal le chiffre 3 placé au 4ᵉ rang à droite de la virgule?

Réponse. Le chiffre 3 représente des *dix-millièmes*.

10. Si on représente dans un nombre les centaines de mille par un zéro, quel rang devra-t-il occuper?

Réponse. Il devra occuper le *sixième rang* à partir de la droite.

11. Un nombre a deux zéros; l'un placé au 3ᵉ rang à partir de la gauche, le 2ᵉ au rang des dizaines de mille; quelles unités remplace le 1ᵉʳ? quel rang occupe le 2ᵉ? Le chiffre des plus hautes unités de ce nombre tient le 11ᵉ rang; quelles sont ces unités?

Réponse. Le zéro placé au troisième rang à partir de la gauche tient la place des *centaines de millions*; le deuxième représentant des dizaines de mille occupe le *cinquième rang à partir des unités;* les plus hautes unités du nombre sont des *dizaines de billions.*

12. Rendre 100 fois plus grande l'expression 3,047.

RÉPONSE. L'expression **304,7**, *dans laquelle on a avancé la virgule de deux rangs vers la droite,* représente le résultat demandé.

13. Rendre le nombre 5,789 cent fois plus petit.

RÉPONSE. L'expression **0,05789**, *dans laquelle la virgule a été reculée de deux rangs vers la gauche,* représente le résultat demandé.

14. Rendre l'expression 4,372 cent fois plus grande; de combien de rangs déplacera-t-on la virgule?

RÉPONSE. La virgule devra être *avancée de deux rangs vers la droite.*

15. Quel changement subira le nombre décimal 357,32 si on y supprime la virgule?

RÉPONSE. Il deviendra **100** *fois plus grand.*

16. Que deviendra la virgule dans le nombre décimal 432,72 devenu 1,000 fois plus grand?

RÉPONSE. La *virgule disparaîtra;* puis, en ajoutant à la droite du résultat un zéro, **432720** sera le nombre transformé.

17. Rendre 0,437 mille fois plus petit; quelle sera alors l'unité représentée par le chiffre 7?

RÉPONSE. On placera *trois zéros immédiatement après la virgule,* et le dernier chiffre (7) à droite du résultat **0,000437** représentera des *millionièmes.*

18. Que deviendra 978,0356 en reculant la virgule de deux rangs vers la gauche? quelle unité représentera alors le chiffre 3?

RÉPONSE. Ce nombre deviendra **100** *fois plus petit.*

Le chiffre **3** du résultat **9,780356** représentera alors des *dix-millièmes*.

19. Que deviendra **3,4579** en avançant la virgule de trois rangs vers la droite? quelles unités représentera alors le chiffre **5** ?

RÉPONSE. On rendra ce nombre 1000 *fois plus grand;* le chiffre **5** du résultat **3457,9** représentera alors des *dizaines.*

20. Rendre 100 fois plus petit le nombre **3057,42.**

RÉPONSE. Il suffit de reculer la virgule de deux rangs, vers la gauche; on obtient pour résultat **30,5742.**

21. Rendre 1000 fois plus petite la fraction **0,4507.** Quelles unités représentera alors le chiffre **7?**

RÉPONSE. Il faut placer *trois zéros immédiatement après la virgule* (0,0004507); le chiffre **7** représentera alors des *dix-millionièmes.*

22. Rendre 10000 fois plus grande la fraction **0,3;** quelles seront les plus hautes unités du résultat?

RÉPONSE. Il faut *supprimer la virgule* et placer trois zéros à la droite du chiffre **3;** les plus hautes unités du résultat (3000) seront des *mille.*

23. Rendre le nombre 37 successivement dix, cent, mille fois plus petit, et dix, cent, mille fois plus grand.

RÉPONSE. On aura successivement **3,7, 0,37, 0,037** dans le premier cas; et dans le second, **370, 3700, 37000.**

24. Le chiffre **5** représente dans un nombre des dizaines de mille; quelles unités représentera-t-il si on rend ce nombre 100 fois plus grand?

RÉPONSE. Le chiffre **5** représentera alors des *unités de million.*

25. Le chiffre 9 occupe dans un nombre entier le 5e rang à partir de la droite ; à quel rang sera-t-il placé si on rend ce nombre 1000 fois plus grand ?

Réponse. Le chiffre 9 occupera alors le *huitième rang* à partir de la droite.

26. Le chiffre 3 représente des millions dans un nombre ; quelles unités représentera-t-il si on rend ce nombre 10000 fois plus petit ?

Réponse. Le chiffre 3 représentera alors des *centaines*.

27. Le chiffre 4 occupe le 2e rang à partir de la droite dans un nombre. À quel rang sera-t-il placé si on rend ce nombre 1000 fois plus grand ?

Réponse. Le chiffre 4 occupera alors le *cinquième rang* à partir de la droite.

28. Le chiffre 7 occupe le 2e rang à droite de la virgule dans un nombre décimal ; quelles unités représentera-t-il si on rend ce nombre 1000 fois plus grand ?

Réponse. Le chiffre 7 représentera alors des *dizaines*.

**Exercices sur la manière de lire et d'écrire les nombres
entiers.**

29. Lire les nombres 37 ; 43 ; 95 ; 306 ; 367 ; 458 ; 704.

Réponse. Trente-sept *unités* ; — quarante-trois *unités* ; — quatre-vingt-quinze *unités* ; — trois cent six *unités* ;— trois cent soixante-sept *unités* ; — quatre cent cinquante-huit *unités* ; — sept cent quatre *unités*.

50. Lire les nombres 968473; 654362; 35497; 23045; 5037; 6457; 36007; 47029; 70000403.

RÉPONSE. Neuf cent soixante-huit *mille*, quatre cent soixante-treize *unités* ; — six cent cinquante-quatre *mille*, trois cent soixante-deux *unités* ; — trente-cinq *mille*, quatre cent quatre-vingt-dix-sept *unités* ; — vingt-trois *mille*, quarante-cinq *unités* ; — cinq *mille*, trente-sept *unités* ; — six *mille*, quatre cent cinquante-sept *unités* ; — trente-six *mille*, sept *unités* ; — quarante-sept *mille*, vingt-neuf *unités* ; — soixante-dix *millions*, quatre cent trois *unités*.

51. Lire les nombres 357894658; 429654379; 32435678; 45976543; 5164732; 8979867; 80003009.

RÉPONSE. Trois cent cinquante-sept *millions*, huit cent quatre-vingt-quatorze *mille*, six cent cinquante-huit *unités* ; — quatre cent vingt-neuf *millions*, six cent cinquante-quatre *mille*, trois cent soixante dix-neuf *unités* ; — trente-deux *millions*, quatre cent trente-cinq *mille*, six cent soixante-dix-huit *unités* ; — quarante-cinq *millions*, neuf cent soixante-seize *mille*, cinq cent quarante-trois *unités* ; — cinq *millions*, cent soixante-quatre *mille*, sept cent trente-deux *unités* ; — huit *millions*, neuf cent soixante-dix-neuf *mille*, huit cent soixante sept *unités* ; — quatre-vingt *millions*, trois *mille*, neuf *unités*.

52. Lire les nombres 357902507; 5743218; 3457903; 678910122343; 100002000030456; 700008009; 203478500302; 10230040005670809.

RÉPONSE. Trois cent cinquante sept *millions*, neuf cent deux *mille*, cinq cent sept *unités* ; — cinq *millions*, sept cent quarante-trois *mille* deux cent dix-huit *unités* ; — trois *millions*, quatre cent cinquante-sept *mille*, neuf cent trois *unités* ; — soixante-sept *trillions*, huit cent quatre-vingt-onze *billions*, douze *millions*, deux cent trente-quatre *mille*, trois cent quarante-cinq *unités* ; — dix *trillions*, deux cent *millions*, trente *mille*, quatre cent cinquante-six *unités* ; — sept cent *millions*, huit *mille*, neuf *unités* ; — deux cent trois *billions*, quatre cent soixante-dix-huit *millions*, cinq cent *mille*, trois cent deux *unités* ; — dix *quatrillions*, deux cent trente *trillions*, quarante *billions*, cinq *millions*, six cent soixante-dix *mille*, huit cent neuf *unités*.

52. Exprimer en langage ordinaire les nombres suivants : 4573204057 ; 3798402507004 ; 679080040502 ; 300040700203507 ; 5379040605020 ; 784090000030.

RÉPONSE. Quatre *billions*, cinq cent soixante-treize *millions*, deux cent quatre *mille*, cinquante-sept *unités* ; — trois *trillions*, sept cent quatre-vingt-dix-huit *billions*, quatre cent deux *millions*, cinq cent sept *mille*, quatre *unités* ; — six cent soixante-dix-neuf *billions*, quatre-vingt *millions*, quarante *mille*, cinq cent deux *unités* ; — trois cent *trillions*, quarante *billions*, sept cent *millions*, deux cent trois *mille*, cinq cent sept *unités* ; — cinq *trillions*, trois cent soixante-dix-neuf *billions*, quarante millions, six cent cinq *mille*, vingt *unités* ; — soixante-dix-huit *billions*, quatre cent neuf *millions*, trente *unités*.

54. Énoncer les nombres 3500073002 ; 980401005 ; 567400000907 ; 32690432 ; 5000000047020900.

RÉPONSE. Trois *billions*, cinq cent *millions*, soixante-treize *mille*, deux *unités* ; — neuf cent quatre-vingt *millions*, quatre cent un *mille*, cinq *unités* ; — cinq cent soixante-sept *billions*, quatre cent *millions*, neuf cent sept *unités* ; — trente-deux *millions*, six cent quatre-vingt-dix *mille*, quatre cent trente-deux *unités* ; — cinq *quatrillions*, quarante-sept *millions*, vingt *mille*, neuf cents *unités*.

55. Écrire en chiffres les nombres quatre-vingt-dix-sept *unités* ; — soixante-quinze *unités* ; — trois cent quatre-vingt-trois *unités*; — neuf cent quatre-vingt-dix-neuf *unités*.

RÉPONSE. 97; 75; 383; 999.

36. Écrire en chiffres les nombres — trois *mille* six cent quarante-quatre *unités*; — quarante-cinq *mille* trois cent neuf *unités*; — neuf cent quatre-vingt-dix-neuf *mille*, neuf cent quatre-vingt-dix-neuf *unités*.

RÉPONSE. 3644 ; 45309 ; 999999.

37. Écrire en chiffres les nombres — six *millions*, sept cent soixante-quinze *mille*, huit cent quatre-vingt-quatorze *unités*; — soixante-dix *millions*, huit cent quatre *mille*, trente-trois *unités*.

RÉPONSE. 6775894 ; 70804033.

38. Écrire en chiffres les nombres — cent quatre-vingt-dix *millions*, huit cent soixante-douze *mille*, trente-sept *unités*; — neuf cent quatre-vingt-dix-neuf *millions*, neuf cent quatre-vingt-dix-neuf *mille*, neuf cent quatre-vingt dix-neuf *unités*.

RÉPONSE. 190872037 ; 999999999.

39. Écrire en chiffres les nombres — quatre cent sept *millions*, soixante-dix-huit *mille*, cent quatre *unités*; — huit cent *millions*, trois *mille*, quatre unités ; — quinze cent *millions*, trois cent cinq *unités*.

RÉPONSE. 407078104 ; 800003004 ; 1500000305.

40. Écrire en chiffres les nombres — trois cent quarante-six *billions*, huit cent soixante-quinze *millions*, huit cent cinquante-deux *mille*, cinq cent quarante-sept *unités*; — six cent soixante-neuf *billions*, neuf cent trente-quatre *millions*, quatre cent soixante-seize *mille*, six cent quatre-vingt-quinze *unités*.

RÉPONSE. 346875852547 ; 669934476695.

41. Écrire en chiffres les nombres — quinze cent *billions*, huit *millions*, sept cent quatre *mille*, soixante-deux *unités*; — neuf *trillions*, quarante-cinq *millions*, trois *mille*, soixante-sept *unités*; — quarante-cinq *quatrillions*, deux cent quatre *millions*, trente-neuf *unités*; — sept cent *quintillions*, quatre cent quatre *mille*, trente-sept *unités*.

RÉPONSE. 1500008704062; 9000045003067; 45000000204000039; 700000000000000404037.

Exercices sur la manière de lire et d'écrire les nombres décimaux.

42. Lire les nombres décimaux écrits, 45,4792; 34,345; 6,0708; 956,4002; 3,79405.

RÉPONSE. Quarante-cinq *unités*, quatre mille sept cent quatre-vingt-douze *dix-millièmes*, ou quatre cent cinquante-quatre *mille*, sept cent quatre-vingt-douze *dix-millièmes*, ou quarante-cinq *unités*, quatre *dixièmes*, sept *centièmes*, neuf *millièmes*, deux *dix-millièmes*; — trente-quatre *mille* trois cent quarante-cinq *millièmes*, ou trente-quatre *unités*, trois cent quarante-cinq *millièmes*; — six *unités*, sept cent huit *dix-millièmes*; — neuf cent cinquante-six *unités*, quatre mille deux *dix-millièmes*; — trois *unités*, soixante-dix-neuf mille quatre cent cinq *cent-millièmes*.

43. Lire les expressions décimales 3,0407; 0,007302; 45,700203; 0,0000579; 4327,009999.

RÉPONSE. Trente mille quatre cent sept *dix-millièmes*;

1.

— sept mille trois cent deux *millionièmes* ; — quarante-cinq millions sept cent mille deux cent trois *millionièmes* ; — cinq cent soixante-dix-neuf *dix-millionièmes* ; — quatre *billions*, trois cent vingt-sept *millions*, neuf mille neuf cent quatre-vingt-dix-neuf *millionièmes*, ou quatre *mille*, trois cent vingt-sept *unités*, neuf mille neuf cent quatre-vingt-dix-neuf *millionièmes*.

44. Lire les fractions décimales, 0,4796 ; 0,07042 ; 0,30504 ; 0,00304 ; 0,583627.

RÉPONSE. Quatre mille sept cent quatre-vingt-seize *dix-millièmes* ; — sept mille quarante-deux *cent-millièmes* ; — trente mille cinq cent quatre *cent-millièmes* ; — trois cent quatre *cent-millièmes* ; — cinq cent quatre-vingt-trois *mille*, six cent vingt-sept *millionièmes*.

45. Lire les expressions décimales, 36,070908403 ; 0,00005 ; 3578,450007 ; 45,679800402 ; 6,4700030201 ; 0,200030004 ; 3,0004502703 ; 57908,04030020001.

RÉPONSE. Trente-six *unités*, soixante-dix millions neuf cent huit mille quatre cent trois *billionièmes*, — cinq *cent-millièmes* ; — trois *mille*, cinq cent soixante dix-huit *unités*, quatre cent cinquante mille sept *millionièmes* ; — quarante-cinq *unités*, six cent soixante-dix-neuf millions huit cent mille quatre cent deux *billionièmes* ; — six *unités*, quatre billions sept cent millions trente mille deux cent un *dix-billionièmes* ; — deux cent millions trente mille quatre *billionièmes* ; — trois *unités*, quatre millions cinq cent deux *mille* sept cent trois *dix-billionièmes* ; — cinquante-sept *mille*, neuf cent huit *unités*, quatre billions trente millions vingt mille un *cent-billionièmes*.

46. Écrire les nombres décimaux suivants : trois cent trente-six mille, six cent trois *millièmes* ; — vingt-cinq *unités* soixante-huit *dix-millièmes* ; sept *unités*, trois *dixièmes*, sept *millièmes*, quinze *millionièmes*.

RÉPONSE. 336,603 ; 25,0068 ; 7,307015.

47. Écrire les nombres décimaux suivants:—quatre-vingt-dix-sept *billions*, dix-huit mille trois cent huit *millionièmes*;—six *millions*, soixante-dix-huit mille quatre *dix-billionièmes*; — trente-six *millions*, six cent soixante-quinze *mille*, neuf cent cinquante-cinq *dix-millièmes*.

RÉPONSE. 97000,018308; 0,0006078004; 3667,5955.

48. Écrire les fractions décimales — trois mille sept cent-millièmes; — quatre-vingt-six mille trente-sept dix-millionièmes; — sept dixièmes, trois *centièmes*, neuf *dix-millièmes*, trois *millionièmes*, huit *billionièmes*; — dix-neuf *centièmes*, quarante-cinq *millionièmes*.

RÉPONSE. 0,03007; 0,0086037; 0,730903008; 0,190045.

Exercices sur les nombres romains..

49. Écrire en chiffres romains le nombre 4789.

RÉPONSE. $\overline{\text{IV}}$DCCLXXXIX.

50. Représenter en chiffres ordinaires le nombre MDCXLIV.

RÉPONSE. 1644.

51. Écrire en chiffres romains le millésime 1857.

RÉPONSE. MDCCCLVII.

52. Énoncer le nombre MCCCLIX; écrire ce nombre en chiffres ordinaires.

RÉPONSE. Treize cent cinquante-neuf (1359).

53. Énoncer le nombre $\overline{\overline{\text{XIV}}}\overline{\text{XIV}}\text{XIV}$, et l'écrire en chiffres ordinaires.

RÉPONSE, Quatorze *millions*, quatorze *mille*, quatorze *unités* (14014014).

54. Écrire en chiffres romains le nombre 310307430.

RÉPONSE. $\overline{\overline{\text{CCCXCCCVII}}}\text{CDXXX}$.

55. Écrire $\overline{\text{XVDXXII}}$ en chiffres ordinaires.

RÉPONSE. 10005522.

56. Énoncer les divers nombres représentés par $\overline{\overline{\text{X}}}, \overline{\text{D}}, \overline{\overline{\text{C}}}, \overline{\text{V}}, \overline{\text{I}}$.

RÉPONSE. 10000000 ; 500000 ; 100000 ; 5000 ; 1000000.

57. Les nombres LXLIX et IC sont-ils différents ?

RÉPONSE. Non, car ces expressions représentent toutes deux le nombre quatre-vingt-dix-neuf (99).

58. Écrire en chiffres romains le nombre 25847.

RÉPONSE. $\overline{\text{XXV}}\text{DCCCXLVII}$.

59. Écrire en chiffres romains le nombre 5799007.

RÉPONSE. $\overline{\overline{\text{V}}}\text{DCCICVII}$.

60. Écrire en chiffres romains le nombre 90074002.

RÉPONSE. $\overline{\text{XCLXXIV}}\text{II}$.

Exercices sur le système métrique.

61. Écrire en chiffres le nombre décimal : trois mille soixante-quinze ; et exprimer que ce nombre renferme des mètres et des centimètres.

RÉPONSE. 30^m 75^{cm} ; trente *mètres*, soixante-quinze *centimètres*.

62. Écrire en chiffres l'expression : cent sept millièmes; et exprimer qu'elle représente des millimètres.

RÉPONSE. 0ᴹ 107ᵐᵐ; cent sept *millimètres*.

63. Indiquer que le nombre décimal 4352,575 représente des mètres, des multiples et sous-multiples du mètre; énoncer le nombre de chacune des unités qu'il renferme.

RÉPONSE. 4ᴷᴹ 3ᴴᴹ 5ᴰᴹ 2ᴹ, 5dm 7cm 5ᵐᵐ; quatre *kilomètres*, trois *hectomètres*, cinq *décamètres*, deux *mètres*, cinq *décimètres*, sept *centimètres*, cinq *millimètres*.

64. Écrire en chiffres : cinq hectares cent soixante-quinze centiares; indiquer si ce nombre contient des ares.

RÉPONSE. 5ᴴᴬ 1ᴬ, 75ᶜᵃ; cinq *hectares*, un *are*, soixante-quinze *centiares*.

65. Écrire en chiffres : trente mille cinq cent sept centièmes; exprimer ce nombre en hectares, ares et centiares.

RÉPONSE. 3ᴴᴬ 05ᴬ 07ᶜᵃ; trois *hectares*, cinq *ares*, sept *centiares*.

66. Évaluer en hectares, ares et centiares, l'expression décimale 5309,35.

RÉPONSE. 53ᴴᴬ 9ᴬ 35ᶜᵃ; cinquante-trois *hectares*, neuf *ares*, trente-cinq *centiares*.

67. Combien y a-t-il de décalitres dans 345,07 ?

RÉPONSE. Il y a trente-quatre *décalitres* cinq *litres*, et sept *centilitres* (34ᴰᴸ, 5ᴸ, 7ᶜˡ).

68. Combien y a-t-il d'hectolitres dans 30000 ?

RÉPONSE. Il y a trois cents hectolitres.

69. Évaluer en litres, multiples et sous-multiples du litre, l'expression 3507,432.

Réponse. 3^{kl} 5^{hl} 7^{l} 4^{dl} 3^{cl} 2^{ml} ; trois *kilolitres*, cinq *hectolitres*, sept *litres*, quatre *décilitres*, trois *centilitres*, deux *millilitres*.

70. Indiquer que l'expression décimale 0,7 renferme des décistères.

Réponse. $0,7^{ds}$; sept *décistères*.

71. Traduire en décastères, stères et décistères, l'expression 347,9.

Réponse. 34^{Ds} 7^{s}, 9^{ds} ; trente-quatre *décastères*, sept *stères*, neuf *décistères*.

72. Trouver ce que pèse en grammes et en ses multiples et sous-multiples un corps dont le poids est représenté numériquement par l'expression 30749,057.

Réponse. Ce corps pèse trois *myriagrammes*, sept *hectogrammes*, quatre *décagrammes*, neuf *grammes*, cinq *centigrammes*, sept *milligrammes*.

73. Écrire l'expression décimale : trois millions cent sept millièmes, et exprimer chacune de ses unités en grammes, multiples et sous-multiples du gramme.

Réponse. 3000^{g}, 107^{mg} ; trois *kilogrammes*, un *décigramme*, sept *milligrammes*.

74. Exprimer que le nombre décimal 357,75 représente des francs et des centimes.

Réponse. 357^{f}, 75^{c} ; trois cent cinquante-sept *francs*, soixante-quinze *centimes*.

75. Écrire le nombre quatre mille trois ; exprimer qu'il contient des francs, des décimes et des centimes.

RÉPONSE. 40 francs, 03 centimes. Quarante *francs*, trois *centimes*.

76. Énoncer en francs, décimes et centimes, l'expression décimale 345,75.

RÉPONSE. Trois cent quarante-cinq *francs*, sept décimes, cinq centimes (**345** francs, **7** décimes, **5** centimes).

77. Combien y a-t-il de mètres dans 345^{KM}?

RÉPONSE. Dans 345 kilomètres, il y a 345000 mètres.

78. Combien un tonneau de 15^{HL} contient-il de litres?

RÉPONSE. Ce tonneau contient 1500 litres.

79. Combien y a-t-il de millimètres dans 25^{DM}?

RÉPONSE. Il y a dans 25 décamètres, deux cent cinquante mille *millimètres*.

80. Écrire 7 kilolitres, 8 hectolitres, 5 décalitres, 2 litres, 3 décilitres, 6 centilitres, 9 millilitres.

RÉPONSE. Ce nombre peut s'écrire des deux manières suivantes : 7852^{L}, 369^{ml} ou 7^{kl} 8^{hl} 5^{dl} 2^{L} 3^{dl} 6^{cl} 9^{ml}.

81. Écrire 5 kilogrammes, 3 décagrammes, 4 décigrammes, 5 milligrammes.

RÉPONSE. On écrira comme dans (80) 5030^{G}, 405^{mg}, ou 503^{DG}, 405^{dg}, ou enfin 5^{KG} 3^{DG}, 4^{dg} 5^{ms}.

82. Combien y a-t-il de centimes dans 205 décimes?

RÉPONSE. Le décime valant 10 centimes, 205 décimes valent conséquemment 2050 centimes.

83. En 8 décagrammes combien de centigrammes?

RÉPONSE. Chaque décagramme valant dix grammes,

chaque gramme dix décigrammes et chaque décigramme 10 centigrammes, 8 décagrammes valent donc 8000 centigrammes.

84. Combien y a-t-il d'hectomètres dans 35^{MM}?

RÉPONSE. Un myriamètre valant dix kilomètres, et le kilomètre dix hectomètres, 35 myriamètres valent conséquemment 3500 hectomètres.

85. Une pièce de toile contient 5^{DM}, combien contient-elle de décimètres?

RÉPONSE. Elle contient 500 décimètres.

86. Combien y a-t-il de centiares dans 4^{HA}, 6^{A}, 3^{ca}?

RÉPONSE. Il y a dans cette expression 40603 centiares.

87. Représenter en chiffres le nombre de milligrammes contenu dans 45^{DG}, 25^{dg}.

RÉPONSE. Cette expression renferme 452500 milligrammes (452500^{ms}).

88. Combien 25^{Ds} contiennent-ils de décistères?

RÉPONSE. 2500 décistères (2500^{ds}).

89. Un franc d'argent pèse 5 grammes, combien pèsent 100 francs?

RÉPONSE. Cent fois plus ou 500 grammes.

90. Un bois contient 87^{HA} de terrain; exprimer sa superficie en ares.

RÉPONSE. L'hectare étant 100 fois plus grand que l'are, la superficie de ce bois sera exprimée en ares par le nombre 8700^{A}, 100 fois plus grand.

91. Le cours d'un ruisseau a 385^{HM} de long; combien a-t-il de centimètres?

RÉPONSE. La longueur de ce ruisseau exprimée en centimètres est de 385000.

92. Une muraille a 1225^{cm} de haut; exprimer sa hauteur en mètres.

RÉPONSE. Le mètre valant **100** centimètres, la hauteur de cette muraille sera exprimée en mètres par le nombre $12^M, 25^{cm}$, **100** fois plus petit.

93. La capacité d'un vase est de 47^{Dl}; combien contient-il de décilitres?

RÉPONSE. Cent fois plus ou **4700**.

94. Exprimer en décistères le volume d'un madrier de 3 mètres cubes.

RÉPONSE. Le mètre cube n'étant autre que le stère et celui-ci étant **10** fois plus grand que le décistère, **3** mètres cubes valent donc **30** décistères (30^{dc}).

95. Combien un tonneau de 250^L contient-il de décalitres?

RÉPONSE. Dix fois moins ou **25**.

96. Combien **1985** centimes valent-ils de francs?

RÉPONSE. **1** franc valant **100** centimes, **1985** centimes valent seulement $19^F, 85^c$.

97. Combien 485^{HM} valent-ils de kilomètres?

RÉPONSE. $48^{KM}, 5$.

98. Combien 25^{HA} valent-ils d'ares?

RÉPONSE. 25^{HA} valent **2500** ares.

99. Combien 3107^c valent-ils de kilogrammes?

RÉPONSE. Le kilogramme valant mille grammes, ce nombre exprimé en kilogrammes devient $3^{KG}, 107$.

100. Combien 1 mètre cube contient-il de litres?

RÉPONSE. Le litre valant **1** décimètre cube, le mètre cube contient **1000** décimètres cubes ou **1000** litres.

101. On sait qu'un décimètre cube vaut 1000 centimètres cubes; quel est le poids en grammes d'un litre d'eau distillée?

RÉPONSE. Le gramme étant égal au poids de **1** centimètre cube d'eau distillée et le litre contenant 1000 centimètres cubes, il résulte que **1** litre d'eau distillée pèse **1000** grammes ou **1** kilogramme.

102. Dix litres de liquide pèsent 92ᴷᴳ; quel est le poids d'un décilitre de ce liquide?

RÉPONSE. La centième partie ou **92ᴰᴳ**.

103. Un hectog. de marchandises coûte 5 fr. 25 c.; quel sera le prix d'un kilogramme?

RÉPONSE. Le prix d'un kilogramme sera **10** fois plus élevé ou **52ᶠ 50ᶜ**.

104. 10 francs d'argent pèsent 50 grammes; quel est le poids de 10,000 francs?

RÉPONSE. Le poids demandé est mille fois plus fort, **50** kilogrammes.

105. Une pièce de 2 francs pèse 10 grammes; combien un sac plein de ces pièces et pesant 1ᴷᴳ en renferme-t-il?

RÉPONSE. 10 grammes représentant le poids d'une pièce de 2 francs, 1 kilogramme, poids cent fois plus fort, représente évidemment le poids de cent de ces pièces. Le sac contient donc **100** pièces de 2 francs.

106. Exprimez en francs la valeur de 38700 décimes.

RÉPONSE. Le franc valant **10** décimes, **38700** décimes représentent un nombre de francs dix fois moindre ou **3870** francs.

107. Quel est le poids de 1000000 de fr. argent?

RÉPONSE. **1** franc pesant **5** grammes, 1000000 de francs pèsera nécessairement 5000000 de grammes ou 5000 kilogrammes.

108. Un décistère de bois vaut 3 francs; à combien reviendrait le stère?

RÉPONSE. Le stère coûtera dix fois plus ou 30 francs.

109. En 45 kilomètres combien de mètres?

RÉPONSE. 45000 mètres.

110. En 26 hectog. 9 décag. combien de grammes?

RÉPONSE. 2690 grammes.

111. Combien 475 décagrammes valent-ils de milligrammes?

RÉPONSE. 4750000 milligrammes.

112. Un franc d'argent pèse 5 grammes; quel sera le poids d'une pièce de 10 centimes?

RÉPONSE. Une pièce de 10 centimes pèsera 0 gramme 5 décigrammes.

113. La circonférence d'un arbre est de 25^{dm}; l'exprimer en millimètres.

RÉPONSE. Le décimètre valant 100 millimètres, la circonférence de cet arbre exprimée en millimètres sera représentée par un nombre cent fois plus grand que 25 ou par 2500 millimètres.

114. Le volume d'un tronc d'arbre est de 9^s; l'exprimer en décistères.

RÉPONSE. Le stère valant 10 décistères, le volume du tronc d'arbre exprimé en décistères sera 90 décistères.

115. La capacité d'une cuve est de 7 mètres cubes; combien contient-elle de décalitres?

RÉPONSE. Le litre vaut 1 décimètre cube, qui est la

millième partie du mètre cube. 1 décalitre, qui vaut 10 litres, vaut donc la centième partie du mètre cube. 7 mètres cubes valent donc 700 décalitres.

116. Combien un réservoir de la contenance de 20 mètres cubes d'eau en contient-il de kilolitres?

RÉPONSE. Le mètre cube contenant 1000 litres ou 1 kilolitre, 20 mètres cubes ne sont autres que 20 kilolitres ; le réservoir contient donc 20 kilolitres d'eau.

117. Un hectolitre de blé coûte 28 francs; dire le prix d'un décalitre.

RÉPONSE. L'hectolitre étant 10 fois plus grand que le décalitre, le prix de ce dernier doit nécessairement être 10 fois moindre : 1 décalitre coûtera donc 2 francs 80 centimes.

118. Un hectolitre de vin coûtant 135 francs, quel sera le prix du litre?

RÉPONSE. Le prix du litre sera 100 fois moindre ou 1 franc 35 centimes.

119. Le quintal métrique pèse 500^{KG} ; évaluer son poids en grammes.

RÉPONSE. Le quintal métrique pèse 500000 grammes.

120. Un kilogramme de laine coûte 10 francs; quel sera le prix d'un quintal métrique?

RÉPONSE. Le quintal métrique pesant 500 kilogrammes, coûtera 500 fois le prix d'un kilogramme ou 5000 francs.

121. Un litre de vin pèse 880 grammes, quel est le poids d'un hectolitre?

RÉPONSE. Un hectolitre pèse 100 fois plus ou 88 kilogrammes.

122. On demande 3 fr. 25 c. pour conduire un mètre cube de terre, combien demandera-t-on pour en conduire 100 mètres cubes?

RÉPONSE. On demandera 100 fois plus ou 325 francs.

ADDITION

Problèmes sur l'addition.

---

123. La ville de Bordeaux renferme 95114 habitants; celle de Marseille en compte 120455; celle de Toulouse, 68015; celle de Nantes, 75150. Combien ces quatre villes réunies renferment-elles d'habitants?

SOLUTION. La population totale doit comprendre à elle seule les populations réunies de ces quatre villes; donc, en ajoutant les nombres qui les représentent, on aura la réponse à la question proposée.
Ces quatre villes réunies forment une population de 358,734 habitants.

124. Le canal de Saint-Quentin, entre l'Oise et l'Escaut, parcourt 93380 mètres; celui de la Somme, entre le canal de Saint-Quentin et la mer, a une longueur de 158039 mètres; le canal de Briare, entre la Loire et le Loing, est long de 55301 mètres. Quelle étendue de terrain parcourent ces trois canaux réunis?

SOLUTION. En additionnant les trois nombres de mètres parcourus séparément par chacun des canaux, on trouve que tous trois ensemble parcourent une étendue de terrain de 306720 mètres.

125. Un particulier achète trois propriétés : la première lui coûte 37895 fr.; la deuxième, 47600 fr.; la troisième est payée 95943 fr.; il lui reste en portefeuille 178562 francs. Combien a-t-il dépensé, et quelle somme possédait-il avant ces divers achats?

Solution. Pour répondre à la première partie de cette question, il suffira évidemment d'additionner les trois sommes données par ce particulier pour le payement de ses trois propriétés. La somme ainsi trouvée, augmentée de celle qui reste en portefeuille, représentera celle qu'il possédait d'abord.

On trouve qu'il a dépensé 181438 francs, et qu'il en avait 360000.

126. On a acheté de l'huile 1° 180 kilog., 8 hectog., 7 décag. pour 537 fr. 50 c.; 2° 150 kilog., 7 hectog., 5 décag. pour 453 fr. 75 c.; 3° 252 kilog., 7 hectog., 5 décag. pour 742 fr. 65 c. Combien en a-t-on acheté; combien a-t-on déboursé?

Solution. On a acheté 584 kilogrammes 3 hectogrammes 7 décagrammes d'huile, et on a déboursé 1733 francs 90 centimes.

127. Un employé dépense dans l'année 575 fr. 25 c. pour sa nourriture, 467 fr. 50 c. pour son entretien; son logement lui revient à 362 fr. 75 c.; il lui reste, toutes ces dépenses payées, 994 fr. 50 c., dont 494 fr. 50 c. servent à ses menues dépenses. A combien se monte son traitement; que dépense-t-il par an?

Solution. Pour obtenir la totalité du traitement, il suffira d'ajouter à la somme de 994 francs 50 centimes les dépenses d'entretien, de nourriture et de logement. La somme de ces trois articles ajoutée aux 494 francs 50 centimes de menues dépenses formera la dépense totale.

Son traitement est donc de 2400 francs, et il en dépense 1900.

128. On a brûlé dans une bataille 14005 kilog. de

poudre ; il en reste dans les caissons 25387 kilog. ; un accident en a fait perdre 1587 kilog. ; les soldats en ont 1851 kilog. Combien y en avait-il avant la bataille ?

SOLUTION. La quantité de poudre qui existait dans les caissons avant la bataille s'obtiendra évidemment en ajoutant aux 25387 kilogrammes restants les nombres **14005**, **1587** et **1851**, représentant respectivement les quantités brûlées, perdues et distribuées entre chaque soldat. L'addition de ces quatre nombres donne pour total **42830**.

Donc, il y avait avant la bataille, **42830** kilogrammes de poudre.

129. Un commerçant a payé quatre effets dans un jour : le 1er de 375 fr. 75 c. ; le 2e de 547 fr. 35 c. ; le 3e de 759 fr. 65 c. ; le 4e de 839 fr. 25 c. ; il lui reste en caisse 685 fr. 60 c. Combien avait-il en tout ?

SOLUTION. En ajoutant à ce qui reste en caisse chacune des sommes qui en ont été tirées, on obtiendra pour résultat la réponse à la question proposée.

Ce commerçant avait en caisse, avant son premier payement, une somme de **3207** francs 60 centimes.

130. On donne en payement d'une montre en or trois pièces d'or, dont une de 80 fr., une de 40 fr., une de 20 fr. et cinq pièces d'argent dont une de 5 fr., une de 2 fr., une de 1 fr., une de 0,50 c. et une de 0,25 c. Combien a coûté cette montre ?

SOLUTION. Pour répondre à cette question, il suffit de faire l'addition des valeurs de chacune des pièces d'or et d'argent données en payement.

Cette somme faite s'élève à **148** francs 75 centimes, et représente le prix d'achat de la montre.

131. On a acheté 115 litres de vin pour 195 fr. 75 c. ;

157 litres pour 227 fr. 75 c.; 225 litres pour 385 fr.; 78 litres pour 229 fr. 45 c.; 475 litres pour 229 fr. 45 c. Combien a-t-on acheté d'hectolitres de vin; combien a-t-on dépensé?

SOLUTION. La somme des nombres représentant la quantité de litres contenus dans chaque pièce de vin, évaluée en hectolitres, répondra à la première partie de la question. On déterminera la solution de la seconde en additionnant les diverses sommes versées pour le payement de chaque pièce.

Donc, on a acheté 10 hectolitres 5 décalitres de vin, et on a dépensé 1267 francs 40 centimes.

152. Un brocanteur fait dans une même journée quatre marchés différents : il donne pour le 1er 27 fr. 75 c.; pour le 2e 58 fr. 25 c.; pour le 3e 127 fr. 80 c.; pour le 4e 35 fr. 25 c. Combien a-t-il dépensé; combien doit-il vendre le tout pour gagner 85 fr. 75 c.?

SOLUTION. On obtiendra la somme cherchée, en ajoutant au bénéfice à réaliser le total des diverses sommes versées pour chaque marché différent.

Ce brocanteur a dépensé 249 fr. 05 centimes, et devra revendre tous ses achats 334 francs 80 centimes pour réaliser un bénéfice de 85 francs 75 centimes.

153. Un père de famille partage son bien entre ses sept enfants, de la manière suivante :

Il donne :

Au 1er	25 hectares	3817 centiares	et	27800 fr.
Au 2^e	33 —	8925	—	19560
Au 3^e	22 —	4372	—	32750
Au 4^e	15 —	7539	—	47875
Au 5^e	18 —	4756	—	39325
Au 6^e	17 —	2340	—	40700
Au 7^e	29 —	5730	—	24300
Il se réserve 65	—	3685	—	175000

A combien s'élève sa fortune en terres et en argent?

SOLUTION. On répondra à la première partie de la question en ajoutant la somme des hectares et centiares abandonnée aux sept enfants à celle que le père s'est réservée; également, on aura la fortune du père en argent, en ajoutant à la somme qu'il s'est réservée, chacune de celles dont il fait l'abandon à ses enfants.

La fortune cherchée comprend en terres, 228 hectares 1164 centiares, et en argent 407310 francs.

134. En quelle année un individu né en 1814 aura-t-il 45 ans?

SOLUTION. Il est clair que si à 1814, année de sa naissance, on ajoute le nombre 45 des années, on obtiendra pour résultat l'année cherchée.

La personne en question atteindra donc sa 45e année en 1859.

135. On a reçu 245 fr. d'une part, 357 fr. de l'autre, 562 fr. d'une autre. Combien a-t-on reçu en tout?

SOLUTION. Il est évident qu'en additionnant les diverses sommes reçues, on obtiendra pour résultat la somme totale demandée. On a donc reçu 1164.

156. Additionner les nombres: 45 kilog., 4 hectog., 5 décag.; 35 kilog., 8 décag., 7 gram. et 45 hectog., 4 gram.

SOLUTION. Le résultat demandé est 85 kilogrammes, 4 décagrammes, 1 gramme.

137. Un particulier dépense chaque année 3540 fr., il met de côté 1875 fr.; quel est son revenu annuel?

SOLUTION. Si à sa dépense journalière on ajoute ce que cette personne met de côté tous les ans, on aura évidemment la totalité de son revenu.

Ce revenu s'élève à 5415 francs.

158. Un marchand de vin en a vendu 1° 1270 litres, 2° 487 litres, 3° 1563 litres, 4° 2345 litres. Combien en a-t-il vendu d'hectolitres?

Solution. En additionnant les diverses ventes qui ont été faites, on trouve que ce marchand de vin en a vendu en tout 56 hectolitres 65 litres.

159. Trois pièces d'étoffe contiennent : la 1re 35 mèt. 25 cent., la 2e 34 mèt. 75 cent., la 3e 42 mèt. 50 cent. Combien contiennent-elles de mètres en tout?

Solution. La somme faite des nombres de mètres contenus dans chaque pièce d'étoffe donne 112 mèt. 50 cent., pour réponse à la question proposée.

140. Un particulier achète chez un libraire un ouvrage de 2 fr. 80 c., un autre de 3 fr. 25 c., un 3e de 5 fr. 75 c., enfin un 4e de 24 fr. ; que doit-il payer?

Solution. Sa facture s'élève à 35 fr. 80 c.

141. Un spéculateur a acheté une maison 43700 fr., il y a fait pour 7980 fr. de réparations, et a réalisé, en la revendant, un bénéfice de 13320 fr.; à combien cette maison lui revenait-elle, et combien l'a-t-il vendue?

Solution. L'acquisition de cette maison revenait à 51680 fr.; elle a été revendue 65000 fr.

142. Un particulier achète une maison 45900 fr., combien doit-il la vendre pour réaliser un bénéfice de 7800 fr. ?

Solution. Cette maison doit être revendue 53700 fr.

145. La distance de Paris à Nancy est de 330 kilom., il y en a 136 de Nancy à Strasbourg; quelle est la distance de Paris à Strasbourg, en passant par Nancy?

SOLUTION. La distance de Paris à Strasbourg est de **466** kilomètres.

144. On achète dans un magasin pour 21 fr. 25 c. de canevas, pour 53 fr. 75 c. de laine, pour 45 fr. 30 c. de soie, pour 12 fr. de dessins de tapisseries, et 6 fr. 70 c. d'aiguilles; quel est le montant de la facture?

SOLUTION. La facture s'élève à **139** fr.

145. On a payé à compte sur une dette d'abord 585 fr., une autre fois 360 fr. 80 c., ensuite 247 fr. 70 c ; on redoit encore 475 fr. 45 c.; à combien s'élevait cette dette et combien a-t-on donné en tout?

SOLUTION. Cette dette s'élevait à la somme de **1668** fr. **95** c., sur laquelle on a payé **1193** fr. **50** c.

146. Une ménagère achète au marché pour 8 fr. 50 c. de volailles, 3 fr. 25 c. de poisson, 0 fr. 85 c. d'œufs, 2 fr. 15 c. de légumes, 1 fr. 25 c. de fruits. Qu'a-t-elle dépensé?

SOLUTION. La dépense s'est élevée à **16** fr.

147. Un voiturier quitte Paris après y avoir chargé 685^{KG} 58^{DG} de marchandises; pendant la route, il charge à une 1re halte, 45^{KG} 25 ^{DG}; à une 2e halte, 137^{KG} 78^{DG}; enfin, à une 3e halte, il charge 57^{KG} 85^{DG}. Quel était le poids de ces marchandises en arrivant à destination?

SOLUTION. Le poids demandé était de **926** kil. **46** décig.

148. Les départements de la Haute-Saône, du Doubs, du Jura, renferment le 1er 338910 habitants, le 2e 265535, le 3e 312504. Quelle est leur population totale?

SOLUTION. La population de ces trois départements réunis est de **916949** habitants.

149. Il y a de Paris à Troyes 158 kilom.; de Troyes à Dijon il y en a 148; enfin, de Dijon à Besançon on en compte 93; quelles sont les distances 1° de Paris à Dijon et à Besançon, 2° de Troyes à Besançon?

SOLUTION. La distance de Paris à Dijon est de **306** kilomètres; celle de Paris à Besançon de **399** kilomètres; enfin cette dernière ville est distante de Troyes de **241** kilomètres.

150. François 1ᵉʳ, monté sur le trône en 1515, mourut à Rambouillet après un règne de 32 ans; depuis sa mort jusqu'à l'avénement de Louis-Philippe 1ᵉʳ au trône, il s'écoula 283 ans. A quelle époque mourut François 1ᵉʳ; en quelle année Louis-Philippe 1ᵉʳ monta-t-il sur le trône?

SOLUTION. François Iᵉʳ mourut en **1547**. Ce fut en **1830** que Louis-Philippe Iᵉʳ monta sur le trône.

151. Depuis l'établissement des rois chez le peuple juif jusqu'à la captivité de Babylone, qui eut lieu en 606 avant J.-C., il s'écoula 474 ans; à quelle date remonte l'établissement de la monarchie?

SOLUTION. Le gouvernement des rois chez le peuple juif commença en **1080** avant J.-C.

152. Un vase vide pèse 798 décag.; quel sera son poids, si on y met 38976 grammes de liquide?

SOLUTION. Le poids de ce vase sera de **46956** grammes.

153. Un père a 26 ans de plus que son fils, celui-ci en a 7 de plus que sa sœur, qui elle-même est âgée de 19 ans; déterminer les âges du père et du fils.

SOLUTION. Le père est âgé de **52** ans, le fils en a **26**.

154. On a 3 caisses pesant l'une, 13 kilog. 4 décag.

de plus que la 2ᵉ, qui pèse 8 kilog. 35 décag. de plus
que la 3ᵉ, dont le poids est 17 kilog. 32 hectog.; quel
est le poids de ces trois caisses et celui de chacune?

SOLUTION. La première caisse pèse 41 kilog. 5 hectog. 9
décag.; la seconde pèse 28 kilog. 5 hectog. 5 décag. : enfin le
poids des trois caisses réunies est de 90 kil. 3 hectog. 4 décag.

155. La fortune d'un particulier se compose d'un
bois estimé 75,000 fr., d'une maison de 48,600 fr. et
enfin d'un capital de 129,887 fr.; à combien s'élève-
t-elle?

SOLUTION. La fortune de ce particulier s'élève à
253487 fr.

156. Newton, célèbre géomètre anglais, naquit en
1642 et vécut 85 ans; déterminer l'époque de sa mort.

SOLUTION. Newton mourut en 1727.

157. Il s'est écoulé depuis le déluge à la vocation
d'Abraham 422 ans; de la vocation à l'entrée des Hébreux dans la terre promise 474 ans; enfin, depuis cette
époque jusqu'à l'établissement des rois, qui eut lieu en
1080 avant J.-C., il s'est écoulé 372 ans. En quelles
années eurent lieu : 1º l'entrée des Hébreux en terre
promise, 2º la vocation d'Abraham, 3º le déluge?

SOLUTION. Les Hébreux entrèrent dans la terre promise
en 1452. La vocation d'Abraham date de 1926, et le déluge
2348 avant J.-C.

158. Clovis, véritable fondateur de la monarchie
française, naquit en 465, monta sur le trône à l'âge
de 16 ans et mourut 30 ans après; faire connaître les
époques de son avénement au trône, de sa mort.

Solution. Clovis monta sur le trône en 481, et mourut en 511.

459. Un architecte a reçu 61854 fr. pour un mémoire; il lui revient encore, après une réduction de 8698 fr. un solde de 17940 fr. A combien s'élevait ce mémoire ?

Solution. Ce mémoire s'élevait à 88492 fr.

460. On a gagné 347 fr. 85 c. sur une partie de café qu'on avait payée 983 fr. 45 c. Combien a-t-on dû la revendre ?

Solution. Cette partie a dû être revendue 1331 fr. 30 c.

461. Trois chevaux ont coûté, le 1er 1550 fr., le 2me 2310 fr., le 3e 1800 fr.; combien ont-ils coûté ensemble ?

Solution. Ces trois chevaux ensemble ont coûté 5660 fr.

462. On a vendu dans une année quatre éditions d'un ouvrage ; la 1re tirée à 4392 exemplaires, la 2me à 5487, la 3me à 9923, et la 4e à 10092, combien a-t-on vendu d'exemplaires en tout ?

Solution. Il a été vendu en tout 29894 exemplaires de cet ouvrage.

463. Un convoi sur le chemin de fer de Paris à Versailles quitte Paris avec 347 voyageurs; à une 1re station, il en reprend 47; à une 2me, il en reçoit 107; enfin à une 3me, il en reprend encore 95 ; quel est le nombre total des voyageurs en arrivant à Versailles ?

Solution. Le nombre des voyageurs en arrivant à Versailles s'élevait à 596.

SOUSTRACTION

Problèmes sur la soustraction.

164. Les villes de Paris et de Lyon renferment ensemble 1467067 habitants : la population de Lyon s'élève à 292721 ; quel est le chiffre de celle de Paris ?

SOLUTION. La population des deux villes réunies étant connue, ainsi que celle de l'une d'elles, il est évident que pour avoir celle de l'autre, il faut retrancher la seconde de la première.
La population de Paris est de **1174346** habitants.

165. Le canal du Languedoc, qui réunit la Méditerranée à la Garonne, a une longueur de 227547 mètres; celle du canal du Centre, qui joint la Saône à la Loire, est de 116812 mètres ; indiquez la différence entre les longueurs de ces deux canaux.

SOLUTION. La longueur du canal du Centre étant évidemment moindre que celle de celui du Languedoc, on est conduit à soustraire le nombre 116812 mètres du nombre 227547 mètres.
Le résultat que l'on obtient, **110735** mètres, exprime la différence entre les longueurs de ces deux canaux.

166. La ville d'Avignon fut la résidence des papes de 1309 à 1377; combien de temps a-t-elle joui de ce privilége ?

SOLUTION. Les papes ont habité cette ville pendant tout le temps qui s'est écoulé de 1309 à 1377, c'est-à-dire un temps égal à l'excès du plus grand de ces deux nombres sur le plus petit, ou 68 ans.

167. Ce fut en 1436 que Guttemberg inventa l'art de l'imprimerie. De combien d'années date cette découverte (1857)?

SOLUTION. Le nombre d'années demandé doit être égal au nombre exprimant la différence entre l'époque de la découverte et celle à laquelle nous vivons aujourd'hui. Il y a donc 421 ans que l'imprimerie a été inventée.

168. Rome fut bâtie par Romulus en 754 avant J.-C.; la république romaine fut établie en 509; et 30 ans avant la naissance du Christ, Auguste prit le titre d'empereur. Combien d'années les Romains eurent-ils leurs rois; combien de temps dura la république?

SOLUTION. On connaîtra le temps pendant lequel les rois régnèrent à Rome en retranchant l'époque à laquelle ils ont été chassés de celle de la fondation de Rome, et la différence entre la première de ces époques et celle de l'usurpation du trône impérial par Auguste déterminera le temps qu'a duré la république.

Les rois ont régné 245 ans; la république a duré 479 ans.

169. Un ouvrier a reçu 27 fr. 75 c. à compte sur son travail de quinze jours, pendant lesquels il a gagné 85 fr. 25 c.; combien doit-il recevoir encore?

SOLUTION. Il est clair que la somme qui lui reste due est égale à l'excès de celle qu'il a gagnée sur l'à-compte qu'il a reçu.

Cet excès est de 57 fr. 50 c.

170. Un mémoire de 7547 fr. 85 c. supporte une réduction de 569 fr. 75 c.; quelle somme doit-on payer?

Solution. Le fournisseur devra recevoir une somme égale au montant primitif du mémoire présenté, diminué de la réduction. Il recevra donc **6978 fr. 10 c.**

171. Quel nombre faudrait-il ajouter à 1729 pour obtenir l'année actuelle (1857)?

Solution. Le nombre demandé n'est autre que l'excès du nombre exprimant l'année courante sur le nombre **1729**; il sera donc **1857** diminué de **1729** ou **128**.

172. Louis XIV, roi de France, naquit en 1638, monta sur le trône en 1643 et mourut en 1715; on demande quel âge il avait lorsqu'il monta sur le trône, combien de temps il régna, et à quel âge il mourut.

Solution. La différence entre **1638** et **1643** indiquera l'âge de ce prince lorsqu'il monta sur le trône; la différence entre **1643** et **1715** indiquera le nombre des années de son règne; enfin la différence entre **1638** et **1715** indiquera l'âge auquel il mourut.

Louis XIV monta sur le trône à **5** ans, en régna **72** et mourut à l'âge de **77** ans.

173. Le duché de Lorraine fut réuni à la couronne de France sous Louis XV, en 1737. Combien y a-t-il d'années (1857)?

Solution. La question proposée se réduit à chercher la différence entre l'année courante **1857** et l'année **1737**.

Il y a donc **120** ans que le duché de Lorraine est réuni à la couronne de France.

174. Pépin le Bref, 35ᵉ roi de France et fondateur de la 2ᵉ race, s'empara de la couronne en 752. Hugues Capet, 48ᵉ roi de France et fondateur de la 3ᵉ race, monta sur le trône en 987. Combien la 2ᵉ race eut-elle de rois et combien de temps régnèrent-ils?

Solution. Le nombre des rois de la deuxième race sera représenté par l'excès de 48 sur 35, et la différence entre 987 et 752 exprimera le temps pendant lequel ils occupèrent le trône.

La seconde race des rois de France compta 13 rois, qui occupèrent le trône pendant une période de 235 ans.

175. On compte en Europe 227700000 habitants, les divers États européens, la France exceptée, en renferment 195139066; quelle est la population de la France?

Solution. La population de la France sera nécessairement représentée par l'excès de la population totale de l'Europe sur celle de toutes les autres puissances qui la composent.

La France compte donc 32560934 habitants.

176. Le lieu habité le plus élevé de l'Europe est l'hospice du grand Saint-Bernard, dans les Alpes. Cet hospice se trouve moins élevé de 2400 mètres que le sommet du mont Blanc, qui est à 4800 mètres au-dessus du niveau de la mer; quelle est sa hauteur?

Solution. Si on retranche de l'élévation du mont Blanc au-dessus du niveau de la mer la différence entre l'élévation de cette montagne et celle de l'hospice du mont Saint-Bernard, le résultat présentera l'élévation de ce dernier.

Il est élevé de 2400 mètres au-dessus du niveau de la mer.

177. La ville de Calais, prise par les Anglais en 1347, resta en leur pouvoir jusqu'en 1648. Pendant combien d'années la conservèrent-ils?

Solution. Le temps pendant lequel Calais resta au pouvoir des Anglais est évidemment égal à la différence des nombres 1347 et 1648.

Cette ville fut donc soumise à l'Angleterre pendant 301 ans.

178. Le département de la Seine, le plus peuplé de la France, renferme 1006891 habitants; le département des Hautes-Alpes, le moins peuplé, en contient 131162. Quel est l'excès de la population du premier?

SOLUTION. L'excès de la population du département de la Seine sur celle du département des Hautes-Alpes est de 875729 habitants.

179. Indiquez l'époque de la naissance d'un individu qui, en 1829, avait 96 ans.

SOLUTION. L'époque cherchée doit évidemment être la différence entre l'époque donnée et l'âge correspondant de la personne en question.
Cette personne était donc née en 1733.

180. Un particulier achète pour 43570 fr. une maison qu'il revend 39985 fr.; quelle perte a-t-il éprouvée?

SOLUTION. La perte éprouvée par ce particulier doit être égale à l'excès du prix d'achat représenté par 43570 fr. sur celui de la vente représenté par 39985 fr.; la soustraction de ces deux nombres donne pour résultat 3585.
Ce particulier a donc perdu sur son marché 3585 fr.

181. Il y a 365 ans que Christophe Colomb a découvert l'Amérique; on demande en quelle année a été faite cette importante découverte (1857).

SOLUTION. En soustrayant de l'année actuelle le nombre d'années depuis lequel la découverte de l'Amérique a été faite, on obtiendra nécessairement celle de cette découverte.
Christophe Colomb a découvert l'Amérique en 1492.

182. La 1re guerre punique dura de 264 avant J.-C. à 241; la 2e, de 219 à 202; la 3e, de 149 à 146, époque de la destruction de Carthage, ville fondée par Didon en 860. Faire connaître la durée de chacune de ces guerres, le temps écoulé entre chacune d'elles, le nombre d'années qui s'écoulèrent entre la fondation et la ruine de Carthage.

Solution. La durée de chacune des guerres puniques sera représentée par les différences entre les nombres 264 et 241, 219 et 202, et enfin 149 et 146. Le temps qui s'écoula entre chacune d'elles s'obtiendra par les soustractions respectives des nombres 241 et 219 ; 202 et 149 ; enfin, le nombre d'années écoulées entre la fondation et la destruction de Carthage sera exprimée par la différence entre 860 et 146, représentant : le premier l'époque de sa fondation ; le deuxième celle de sa ruine.

La 1re guerre punique dura 23 ans, la 2e 17 ans, et la 3e 3 ans. Il y eut entre la 1re et la 2e une trêve de 22 ans; entre la 2e et la 3e il s'écoula 53 ans ; enfin entre la fondation et la ruine de Carthage il s'écoula 714 ans.

183. Un lingot d'or pesant 172 kil. contient 1389 décig. de cuivre ; combien contient-il d'or fin?

Solution. Il est clair que la différence entre 172 kil. et 1389 décig. exprimera la quantité d'or fin contenu dans ce lingot.

Ce lingot contient donc 171 kilog. 8611 décig.

184. Un particulier paye à compte sur une dette de 317 fr. 85 c. une somme de 182 fr. 50 c., combien doit-il encore?

Solution. Ce particulier doit encore 135 fr. 35 c.

185. Un entrepreneur achète une propriété qu'il revend 43455 fr. 90 c , avec un bénéfice de 5642 fr. 35 c.; combien l'avait-il achetée?

Solution. Cette propriété avait été achetée 37813 fr. 55 c.

186. On avait en magasin 3575 mètres d'étoffes, on en a vendu 897 mètres; combien en reste-t-il?

SOLUTION. Il en reste 2678 mètres.

187. On place dans une entreprise 88795 fr., on en retire 125300 fr.; quel est le bénéfice?

SOLUTION. Le bénéfice réalisé s'élève à 36505 fr.

188. On a tiré 845 litres de vin d'un tonneau qui en contient 1668 litres; combien en reste-t-il?

SOLUTION. Le tonneau contient encore 823 litres.

189. On a acheté 3865 grammes d'argent, on en a reçu immédiatement 9427 décigrammes; combien doit-on en recevoir encore?

SOLUTION. On a encore à recevoir 2922 grammes 3 décigrammes.

190. On veut revendre 37850 fr. une maison qui a coûté 28687 fr. 95 c.; quel bénéfice veut-on en tirer?

SOLUTION. Le bénéfice demandé s'élève à 9162 fr. 05 c.

191. On doit recevoir 9365 fr. et payer 5878 fr.; quel est l'excès de la somme à recevoir sur celle à débourser?

SOLUTION. L'excès de la somme à recevoir sur celle à payer est de 3487 fr.

192. Un négociant commence avec un capital de 35600 fr.; après un premier inventaire, ce capital ne s'élève plus, tant en espèces qu'en marchandises, qu'à 32987 fr. 55 c.; quelle perte a-t-il éprouvée?

SOLUTION. Ce négociant a éprouvé une perte de 2612 fr. 45 c.

193. Une propriété estimée 37865 fr. est vendue 6735 fr. au-dessous du prix de l'estimation ; combien l'acquéreur l'a-t-il payée ?

SOLUTION. Cette propriété a été payée 31130 fr.

194. Ce fut en 1521, à la bataille de Mézières, que furent tirées les premières bombes dont l'histoire militaire fasse mention ; depuis combien d'années en fait-on usage ? (1857.)

SOLUTION. On fait usage des bombes depuis **336 ans.**

195. En 1492, Christophe Colomb découvrit l'Amérique ; en 1497, Vasco de Gama découvrit la route des Indes par le cap de Bonne-Espérance ; quel temps s'est écoulé entre ces deux découvertes ? de combien d'années datent-elles l'une et l'autre ? (1857.)

SOLUTION. Entre la découverte de l'Amérique et celle de la route des Indes, il s'est écoulé **5** années ; l'Amérique est découverte depuis **365** ans et la route des Indes depuis **360.**

196. Ce fut en 1282, sous le règne de Philippe le Hardi, qu'eut lieu, en Sicile, le massacre célèbre des *Vêpres siciliennes* ; ce fut en 1572 qu'eut lieu, sous le règne de Charles IX, le massacre de la Saint-Barthélemy ; quel temps s'est écoulé entre ces deux attentats ?

SOLUTION. Il s'est écoulé **290 ans.**

197. Philippe le Bel, 11e roi de la 3e race, naquit à Fontainebleau, en 1268, et y mourut en 1314 ; il avait été proclamé roi à Perpignan en 1285 ; dire combien d'années il régna, à quel âge il monta sur le trône et à quel âge il mourut.

SOLUTION. Philippe le Bel régna **29** ans, fut proclamé roi à **17** ans et mourut à l'âge de **46** ans.

198. La création du monde remonte à 4004 ans, le déluge à 2348 ans avant J. C.; combien d'années s'écoulèrent entre la création et le déluge?

Solution. Il y eut un intervalle de 1656 ans.

199. Louis-Philippe 1er, ex-roi des Français, naquit en 1773 et mourut en 1850, le duc de Nemours naquit en 1814, le prince de Joinville en 1818, le duc d'Aumale en 1822, le duc de Montpensier en 1824; à quel âge mourut Louis-Philippe? quel est celui de chacun de ses fils? (1857.)

Solution. Louis-Philippe 1er mourut âgé de 77 ans, le duc de Nemours a 43 ans, le prince de Joinville 39 ans, le duc d'Aumale 35 ans, et le duc de Montpensier 33 ans.

200. Napoléon, né à Ajaccio en 1769, 1er consul en 1799, proclamé empereur par le sénat en 1804, abdiqua en 1814 et mourut en 1821 dans l'île de Sainte-Hélène; son corps fut ramené en France et déposé à l'hôtel des Invalides en 1840. On demande à quel âge les titres de 1er consul et d'empereur lui furent décernés; combien de temps il régna sous l'un et l'autre titre; à quel âge il abdiqua; combien d'années il vécut; enfin, quel laps de temps s'est écoulé entre l'époque de sa mort et la translation de ses restes mortels en France.

Solution. Napoléon fut nommé 1er consul à l'âge de 30 ans, empereur à 35, il gouverna sous le premier titre pendant 5 années, et conserva pendant 10 ans celui d'empereur qu'il abdiqua à 45 ans. Il avait 52 ans lorsqu'il mourut. C'est 19 ans après sa mort que son corps a été transporté en France et déposé aux Invalides.

201. Un vase pesant 24 kilog. 6 hectog. 7 décag. contient 18 kilog. 7 hectog. 9 décag. de liquide; quel est le poids de ce vase vide?

Solution. Ce vase vide pèse 5kg 8hg 8dg.

202. Le duc d'Orléans, né à Palerme en 1810, mourut en 1842 à Neuilly, à la suite d'une chute de voiture ; combien d'années a-t-il vécu ?

Solution. Le duc d'Orléans a vécu **32** ans.

203. Un tonneau de 147 litres de vin en a perdu 42 litres 75 centilitres ; combien en reste-t-il ?

Solution. Il ne reste plus dans ce tonneau que **104** litres **25** centilitres.

PROBLÈMES

Sur l'addition et la soustraction combinées.

204. On a versé à la caisse d'épargne, à diverses reprises, 445 fr., 363 fr., 487 fr., 1258 fr.; on en a retiré successivement 152 fr., 487 fr., 289 fr., et 778 fr.; combien y a-t-on versé, combien en a-t-on retiré et qu'y reste-t-il ?

Solution. Il est évident que la somme versée à la caisse d'épargne sera représentée par le total de tous les versements successifs ; la somme qui en a été retirée sera exprimée par le résultat de l'addition de celles qui l'ont été successivement ; enfin, la différence entre les résultats de ces deux additions sera la réponse à la troisième partie de la question.

Ce particulier a donc versé à la caisse d'épargne **2553** fr.; il en a retiré **1706** fr.; il y a encore **847** fr.

205. Une ménagère a reçu 25 fr.; elle a dépensé 3 fr. 35 c. de légumes, 2 fr. 75 c. pour beurre et œufs,

4 fr. 25 c. de fruits, 7 fr. 65 c. de volailles, et 5 fr. 50 c. de viande ; combien a-t-elle dépensé ? que lui reste-t-il ?

SOLUTION. On obtiendra la somme dépensée en faisant l'addition des prix payés pour chaque objet de dépense. La différence entre cette somme et la somme donnée exprimera ce qui reste.

Elle a dépensé **23** fr. **50** c., et il lui reste **1** fr. **50** c.

206. Un marchand de vins a fait divers achats : le 1ᵉʳ, de 2850 lit., a coûté 1595 fr. 75 c.; le 2ᵉ, de 6545 lit. a coûté 4352 fr.; il a payé pour un 3ᵉ, de 3540 lit., 2780 fr. 25 c.; il a revendu le tout pour 9357 fr.; combien a-t-il acheté d'hectolitres en tout ; combien a-t-il déboursé d'argent ; quel a été son bénéfice ?

SOLUTION. Le nombre des hectolitres achetés sera évidemment exprimé par le résultat de l'addition des litres compris dans les divers achats. La somme d'argent déboursée s'obtiendra également par l'addition des diverses sommes versées pour chaque achat partiel. Enfin le bénéfice réalisé sera représenté par l'excès du prix de vente sur le prix d'achat.

Ce marchand de vin en a acheté **129** hectolitres **35** litres, qu'il a payés **8728** fr. Son bénéfice s'est élevé à **629** fr.

207. Un particulier possède 375900 fr., il verse en payement d'une maison 95743 fr.; le chiffre des réparations qu'il y a faites s'élève à 35866 fr.; le prix de l'ameublement à 46900 fr.; il dépose chez un banquier une somme de 25000 fr. pour ses besoins imprévus, et place le reste en rentes sur l'État : à combien lui revient sa maison ; combien a-t-il versé dans les caisses de l'État ?

SOLUTION. Le prix de la maison sera exprimé par l'addition de toutes les dépenses faites, tant pour l'achat que pour les réparations et l'ameublement ; le résultat de cette addition, augmentée des 25000 fr. placés chez un banquier et retranchés ensuite du capital de 375900 fr., exprimera la partie de ce capital qui a été versée dans les caisses de l'Etat.

Le prix de la maison s'élève à 178509 fr., et la somme placée en rentes sur l'Etat est de 172391 fr.

208. Henri IV, né en 1553, succéda à Henri III à l'âge de 36 ans, fit son entrée à Paris seulement 5 ans après, et mourut assassiné par Ravaillac en 1610. Dire les époques de son avénement au trône et de son entrée à Paris; combien de temps il régna et à quel âge il mourut.

Solution. L'addition du nombre 36 à 1553 donnera l'époque à laquelle ce prince est monté sur le trône ; en ajoutant 5 au résultat, on aura l'époque de son entrée à Paris; le temps de son règne sera exprimé par la différence existant entre l'époque de son avénement au trône et celle de son assassinat ; enfin on connaîtra l'âge auquel il mourut en retranchant le nombre exprimant l'époque de sa naissance de celui indiquant celle de sa mort.

Henri IV monta sur le trône en 1589, fit son entrée à Paris en 1594, régna 21 ans et mourut à l'âge de 57 ans.

209. Un banquier reçoit 25678 fr. 85 c., il a à payer 46763 fr. 35 c., il lui reste en caisse après ses payements 36887 fr. 65 c.; ce qu'il avait en caisse et ce qu'il a dû en tirer pour faire face à ses engagements.

Solution. La somme qui était en caisse était nécessairement égale à celle qui y restait après les payements effectués, augmentée du total de ces payements diminué de la recette du jour; la différence entre les deux nombres 25678,85 et 46763,35 exprimera la somme tirée de la caisse pour faire face aux engagements.

Il y avait en caisse 57972 fr. 15 c., et on en a tiré 21084 fr. 50 c.

210. Un père avait 35 ans à la naissance de son fils, celui-ci avait 22 ans à la mort de son père qui arriva 7 ans après celle de sa mère, celle-ci mourut à l'âge de 43 ans : combien d'années le père a-t-il vécu; quelle était la différence de son âge avec celui de sa femme; quel était l'âge du fils à l'époque de la mort de sa mère; à quel âge celle-ci l'avait-elle mis au monde?

SOLUTION. Le nombre d'années que le père a vécu sera représenté par 35+22; la différence entre les âges du père et de la mère sera exprimée par l'excès du nombre 35+22 sur le nombre 43+7; l'âge du fils à la mort de sa mère sera égale à l'excès de 22 sur 7; enfin l'âge de la mère à l'époque de la naissance de son fils sera représenté par l'excès de 43 sur 22—7.

Le père a donc vécu 57 ans; la différence de son âge avec celui de sa femme était de 7 ans; le fils avait 15 ans à la mort de sa mère; celle-ci l'avait mis au monde à 28 ans.

211. Une corbeille de mariée est évaluée à 5000 fr., deux châles sont estimés 1850 fr., les diverses robes 1245 fr., le voile 395 fr., le mouchoir et les gants valent 225 fr., l'une des deux parures est de 890 fr ; à combien revient l'autre?

SOLUTION. On obtiendra évidemment le prix d'estimation de la seconde parure en retranchant du prix de la corbeille la somme faite des prix d'estimation des autres objets qui la composent.

On trouve ainsi que cette parure est estimée 395 fr.

212. Une dame a 1810 fr. à dépenser par an pour sa toilette et ses plaisirs; elle a payé à la marchande de modes 247 fr. 75 c., à la blanchisseuse 132 fr. 35 c., à la tailleuse 78 fr. 30 c., à son cordonnier 75 fr., à son bijoutier 387 fr. 85 c., à son marchand d'étoffes 480 fr.; combien a-t-elle dépensé, qu'a-t-elle économisé?

SOLUTION. Le montant de la somme dépensée sera représenté par le résultat de l'addition des divers mémoires acquittés ; ce résultat, retranché de 1810, donnera le chiffre des économies réalisées,

La dépense s'est élevée à 1401 fr. 25 c., et les économies sont de 408 fr. 75 c.

213. Un marchand de chevaux s'est engagé à en fournir, pour une somme de 1706320 fr.; il en livre d'abord 1225 et reçoit 645000 fr.; il en livre une 2⁰ fois 875, et reçoit 275650 fr.; enfin après une dernière livraison de 947, il reçoit un nouvel à-compte de 385800 fr.; combien a-t-il fourni de chevaux, quelle somme a-t-il touchée, que doit-il encore recevoir ?

SOLUTION. La somme faite des nombres exprimant les livraisons successivement effectuées indiquera le nombre des chevaux fournis ; la somme faite des sommes reçues à différentes fois représentera également la somme totale qui a été touchée ; enfin, la différence entre cette somme et le prix total de tous les chevaux indiquera l'excédant de la somme à toucher.

Il a livré 3047 chevaux, a touché 1306450 fr., et doit toucher encore 399870 fr.

214. Un brocanteur achète des bijoux pour 1575 fr., et les revend en trois lots : il cède le 1ᵉʳ pour 685 fr., le 2⁰ pour 557 fr., le 3⁰ pour 678 fr. : dire son bénéfice.

SOLUTION. Le bénéfice cherché doit être égal à l'excès du prix de vente sur celui d'achat ; on devra donc retrancher 1575 de la somme faite des trois lots différents.

Ce bénéfice s'élève à 345 fr.

215. Un particulier lègue par testament 8500 fr. aux pauvres, 75000 fr. pour l'établissement et l'entretien d'une école; l'un de ses enfants a pour sa part 350000 fr., un autre plus jeune a 375000 fr., 6540 sont abandonnés à son domestique, le reste devant servir

à payer ses fournisseurs; il avait 980000 fr. de fortune. On demande ce qu'il devait quand il mourut.

SOLUTION. La somme due par ce particulier après sa mort sera évidemment représentée par l'excès de sa fortune réelle sur l'ensemble des sommes dont il a disposé par son testament; il faut donc faire l'addition de ces sommes, et retrancher le résultat de 980000 fr.

Ce particulier devait, à sa mort, une somme de 164960 fr.

216. Un négociant a quatre effets à payer, l'un de 375 fr. 65 c., un autre de 582 fr. 35 c., un 3e de 157 fr. 25 c., un 4e de 545 fr.; il ne peut disposer le jour de l'échéance que de 1250 fr,; quelle somme a-t-il à payer, que doit-il emprunter pour tenir ses engagements?

SOLUTION. La somme à payer sera représentée par le résultat de l'addition des sommes des divers effets, et la somme à emprunter s'obtiendra en soustrayant de celle à payer les 1250 fr. disponibles.

La somme à payer s'élève à 1660 fr. 25 c.; il doit emprunter 410 fr. 25 c.

217. Un boulanger possède au 1er janvier 1525 hectolitres de farine.

En janvier, il en a acheté	17525 h.	et consommé	12347
En février,	—	13878	—	10454
En mars,	—	9540	—	13150
En avril,	—	15390	—	12007
En mai,	—	17003	—	9345
En juin,	—	12315	—	11453
En juillet,	—	17347	—	15439
En août,	—	7542	—	12357
En septembre,	—	15543	—	14568
En octobre,	—	9456	—	13789
En novembre,	—	18350	—	12578
En décembre,	—	17902	—	15379

On demande combien il a acheté d'hectolitres de farine, combien il en a consommé, et ce qu'il avait en magasin à la fin de chaque mois.

SOLUTION. On obtiendra la quantité d'hectolitres de farine achetée en faisant la somme des divers achats partiels; on aura également la totalité de la consommation en additionnant toutes les consommations mensuelles; enfin, on obtiendra la quantité restant en magasin à la fin de chaque mois en retranchant chaque consommation mensuelle de la somme faite des marchandises en magasin au commencement du mois et de celles achetées pendant le même mois.

On trouve ainsi que ce boulanger a acheté 171791 hectolitres de farine; il en a consommé 152866 hectolitres, et il possédait dans ses magasins,

Fin janvier,	6703	hectolitres.
— février,	10127	—
— mars,	6517	—
— avril,	9900	—
— mai,	17558	—
— juin,	18420	—
— juillet,	20328	—
— août,	15513	—
— septembre,	16488	—
— octobre,	12155	—
— novembre,	17927	—
— décembre,	20450	—

218. Un individu a pour payer ses dettes une somme de 4800 fr., il porte à un premier créancier 1267 fr., à un second 783, enfin à un troisième 1929 fr. Combien devait-il; combien lui reste-t-il?

SOLUTION. Cet individu devait 3979 fr., et il lui reste après payement 821 fr.

219. Un négociant commence avec un capital de 45000 fr., dont 40000 fr. en marchandises : après un

premier inventaire, il a 17345 fr. en espèces et effets de commerce, et 34587 fr. 75 c. en marchandises : quel est le montant de son capital à cette époque ? trouver la différence entre ce dernier et le capital primitif.

SOLUTION. Ce négociant, après son premier inventaire, possédait tant en marchandises qu'en espèces et valeurs de portefeuille, un capital de 51932 fr. 75 c., dont l'excès sur le capital primitif est de 6332 fr. 75 c.

220. Philippe de Valois, né en 1293, succéda à Charles IV en 1328, et mourut à *Nogent-le-Roi*, en 1350, 4 ans après la fameuse bataille de Crécy, qu'il perdit contre Edouard d'Angleterre : dire à quel âge il monta sur le trône, combien d'années il régna, à quel âge il mourut, en quelle année eut lieu la bataille de Crécy.

SOLUTION. Philippe de Valois monta sur le trône à 35 ans, régna 22 ans, et mourut à l'âge de 57 ans. La bataille de Crécy eut lieu en 1346.

MULTIPLICATION

Problèmes sur la multiplication.

221. Un homme a vécu 79 ans, combien a-t-il vécu de jours (l'année étant de 365 jours) ?

SOLUTION. L'année comprenant 365 jours, il est évident que cet homme aura vécu autant de fois 365 jours qu'il a vécu d'années, c'est-à-dire 365×79.

Il a donc vécu 28835 jours.

222. Un courrier parcourt en un jour 135 kilomètres; combien en parcourra-t-il en 45 jours ?

Solution. Si ce courrier parcourt en un jour 135 kilomètres, il est clair qu'en 45 jours il en parcourra 45 fois plus, ou 135 kilomètres $\times$ 45.

Il parcourra donc 6075 kilomètres.

223. Combien coûteront 135ᵐ 60 d'étoffe, le mètre coûtant 17 fr. 25 c.?

Solution. Si un mètre d'étoffe coûte 17 fr. 25 c., 135 mètres 60 centimètres coûteront évidemment 135,60 fois plus, ou 17 fr. 25 c. $\times$ 135,60.

135 mètres 60 centimètres coûteront donc 2339 fr. 10 c.

224. Un épicier a acheté 3845 kilog. de sucre à 1 fr. 85 c. le kilog.; combien a-t-il dépensé ?

Solution. La dépense sera évidemment égale à 1 fr. 85 c. répété autant de fois qu'il y a de kilogrammes de marchandise, ou à 1 fr. 85 c. $\times$ 3845.

Cette dépense s'élève à 7113 fr. 25 c.

225. Une plantation de mûriers a 345 rangées de 25 arbres chacune; combien contient-elle de mûriers?

Solution. Le nombre des mûriers de cette plantation doit être égal au nombre 25 répété autant de fois qu'elle contient de rangées d'arbres de cette espèce, ou 25 $\times$ 345.

Cette plantation renferme 8625 mûriers.

226. On achète 25 pièces de vin de 225 litres chacune, à raison de 0 fr. 85 c. le litre; que doit-on débourser?

Pour résoudre cette question, on cherchera d'abord le nombre des litres contenus dans les pièces achetées; ce nombre sera évidemment égal au nombre 225 répété autant de fois qu'il y a de pièces, c'est-à-dire au produit

225 × **25**. Le prix d'un litre, ou **0,85** c., multiplié par ce produit, exprimera la dépense cherchée.

On a dépensé **4781** fr. **25** c.

227. Une batterie d'artillerie , tirant **135** coups de canon à l'heure, a continué le feu pendant **18** heures consécutives ; combien a-t-elle tiré de coups ?

SOLUTION. Cette batterie, tirant **135** coups à l'heure, a évidemment tiré autant de fois **135** coups que son service a duré d'heures, c'est-à-dire **135** × **18**.

Elle a donc tiré **2430** coups.

228. Un marchand de bois en a vendu **3895** stères à **18** fr. **75** c. le stère ; combien a-t-il dû toucher ?

SOLUTION. Le stère de bois valant **18** fr. **75** c., il est évident que ce marchand de bois a dû toucher autant de fois cette somme qu'il a vendu de stères, ou **18** fr. **75** c. × **3895**.

Il a donc touché **73031** fr. **25** c.

229. Un imprimeur a acheté **256** rames de papier, à raison de **6** fr. **50** c. la rame (le poids d'une rame étant de **6** kilog. **35** décag.); combien l'imprimeur a-t-il déboursé d'argent, quel était le poids du papier ?

SOLUTION. 1° Le prix d'une rame étant **6** fr. **50** c., il est certain que la dépense s'élève à cette somme répétée autant de fois qu'il y a de rames, ou à **6** fr. **50** c. × **256**; 2° le poids d'une rame étant de **6** kilogrammes **35** décagrammes, le poids de la totalité sera égal à ce poids répété autant de fois qu'il y a de rames, ou **6** kil. **35** déc. × **256**.

On a donc dépensé **1664** fr. pour **1625** kilogrammes **6** hectogrammes de papier.

250. La rame de papier contient **20** mains, la main

25 feuilles; combien y a-t-il de feuilles dans la rame?

Solution. La rame contiendra autant de fois 25 feuilles qu'elle contient de mains, c'est-à-dire 25×20, ou 500 feuilles.

251. Une rame de papier à lettres contient 80 cahiers, chaque cahier contient 6 feuilles; combien la rame de ce papier contient-elle de feuilles?

Solution. La rame de papier à lettres contiendra autant de fois 6 feuilles qu'elle contient de cahiers, c'est-à-dire 6×80, ou 480 feuilles.

252. Un imprimeur a reçu 75 rames de papier pour l'impression d'un ouvrage, combien a-t-il reçu de feuilles, la rame en contient 500?

Solution. Cet imprimeur a reçu 37500 feuilles de papier.

253. Un ouvrage in-8° se compose de 24 feuilles, combien a-t-il de pages? (La feuille in-8° en a 16.)

Solution. Il est clair que l'ouvrage doit avoir autant de fois 16 pages qu'il contient de feuilles, puisque chaque feuille en contient 16; il aura donc 24 fois 16, ou 384 pages.

254. Un volume renferme 648 pages de 37 lignes chacune, combien a-t-il de lignes?

Solution. Ce volume contient 23976 lignes.

255. Une bibliothèque se compose de 15 chambres, chaque chambre a 28 rayons portant chacun 135 volumes; quel est le nombre total de ces volumes?

Solution. On aura d'abord le nombre des volumes contenus dans une chambre, en multipliant 28, nombre des rayons qu'elle contient, par 135, nombre des volumes de chaque rayon ; on aura ensuite le nombre des volumes de la bibliothèque en multipliant le produit par 15, représentant le nombre des chambres.

Cette bibliothèque renferme donc 56700 volumes.

256. Le produit des trois nombres 167, 25 et 18 représente la population de la ville de Nantes ; quel est le chiffre de cette population ?

SOLUTION. La ville de Nantes renferme 75150 habitants.

257. Un ouvrage est composé de 45 volumes ; chacun d'eux contient 32 feuilles, chaque feuille contient 16 pages, chaque page est de 48 lignes et chaque ligne de 52 lettres ; combien l'ouvrage renferme-t-il de feuilles, de pages, de lignes, de lettres ?

SOLUTION. Chaque volume contenant 32 feuilles, les 45 volumes, ou l'ouvrage entier, en contiendront 32×45 ; chaque feuille renfermant 16 pages, l'ouvrage entier en contiendra 32×45 répété 16 fois, ou $32 \times 45 \times 16$. Chaque page contenant 48 lignes, l'ouvrage entier en contiendra $32 \times 45 \times 16$ répété 48 fois, ou $32 \times 45 \times 16 \times 48$. Enfin, chaque ligne renfermant 52 lettres, l'ouvrage entier en contiendra $32 \times 45 \times 16 \times 48$ répété 52 fois, ou $32 \times 45 \times 16 \times 48 \times 52$.

Cet ouvrage contiendra donc 1440 feuilles, 23040 pages, 1105920 lignes, et enfin 57507840 lettres.

258. On a parcouru dans une année 15 fois la route de Paris à Marseille ; la distance entre ces deux villes est de 785 kilomètres. Combien en a-t-on parcouru ?

SOLUTION. On aura évidemment parcouru 785 kilomètres autant de fois qu'on aura fait la route en question, 785 kilomètres $\times$ 15.

On a donc parcouru 11775 kilomètres.

259. Combien coûteront 24 pièces de drap de 42 m. chacune, le prix du mètre étant 33 fr. 85 c. ?

Solution. 1 mètre coûtant 35 fr. 85 c., 1 pièce de 42 mètres coûtera 35 fr. 85 c. répétés 42 fois, ou 35 fr. 85 c. × 42, 21 pièces de 42 mètres coûteront nécessairement 21 fois plus, ou 35 fr. 85 c. × 42 × 21.

Donc les 21 pièces de drap coûteront 31619 fr. 70 c.

240. 48 ouvriers travaillant 8 heures par jour ont fait en 35 jours un certain ouvrage; combien ont-ils employé d'heures, et combien un ouvrier en aurait-il employé pour faire seul cet ouvrage?

Solution. Ces ouvriers ont employé autant de fois 8 heures qu'ils ont travaillé de jours, ou 8 heures × 35; un seul d'entre eux en aurait employé 48 fois plus, ou 8 heures × 35 × 48.

Ils ont donc travaillé pendant 280 heures, et un seul aurait travaillé pendant 13440 heures.

241. Le produit des nombres 779, 25, 33 et 20 donne la population du royaume de Prusse; on demande le chiffre des habitants de cette partie de l'Europe?

Solution. Le royaume de Prusse est composé de 12853500 habitants.

242. Un marchand de fer en a vendu 1865 kilog. à raison de 1 fr. 25 c. le kilog., combien a-t-il reçu?

Solution. Il a dû recevoir 1 fr. 25 c. répété autant de fois qu'il a vendu de kilogrammes, ou 1 fr. 25 c. × 1865. Il a donc reçu 2331 fr. 25 c.

243. Une commune est composée de 1586 ménages, pour chacun desquels la contribution moyenne annuelle prélevée par l'État, à titre de contribution foncière, personnelle et mobilière, s'élève à 12 fr. 65 c.; combien cette commune rapporte-t-elle au fisc chaque année?

Solution. La somme prélevée par le fisc chaque année

sur cette commune sera égale à 12 fr. 65 c. répétés autant de fois qu'il y a de ménages, ou à 12 fr. 65 c. $\times$ 1586.

Le fisc prélève donc chaque année sur cette commune 20062 fr 90 c.

244. Un atelier fabrique dans un jour 175 kilogrammes de boulets. Combien en fabriquera-t-il en 25 jours?

SOLUTION. Il en fabriquera 175 kilogrammes répétés 25 fois, ou 175 kilogrammes $\times$ 25, où 4375 kilogrammes.

245. 345 ouvriers gagnant chacun par jour 3 fr. 85 c. ont travaillé pendant 26 jours sans recevoir leur salaire ; que doit-on à chacun d'eux, à tous ensemble?

SOLUTION. 1 ouvrier gagnant 3 fr. 85 c. par jour doit recevoir après 26 jours 3 fr. 85 c. $\times$ 26; 345 ouvriers devront recevoir 345 fois plus, ou 3 fr. 85 c. $\times$ 26 $\times$ 345.

Chaque ouvrier aura donc à toucher 100 fr. 10 c.; tous ensemble recevront 34534 fr. 50 c.

246. Un marchand de vins a 8 caves, renfermant chacune 25 pièces de vin et 9 pièces de liqueurs de diverses espèces ; chaque pièce de vin est de 218 litres, et chacune de celles de liqueur de 85. Combien ce marchand a-t-il de litres de vin, de litres de liqueurs; quelle somme recevrait-il sur chaque vente, s'il vendait séparément son vin et ses liqueurs, le litre de vin étant à 0 fr. 45 c., et le litre de liqueurs à 1 fr. 35 c.?

SOLUTION. Ce marchand de vins possède un nombre de litres de vin représenté par le produit 8 $\times$ 25 $\times$ 218. Le nombre des litres de ses liqueurs est également représenté par 8 $\times$ 9 $\times$ 85. Le prix moyen du litre de vin étant 0 fr. 45 c., le prix de tout ce qu'il possède en vin s'élèverait à 8 $\times$ 25 $\times$ 218 $\times$ 0 fr. 45 c. Le prix du litre de liqueur étant de 1 fr. 35, tout ce qu'il possède de liqueurs formerait une somme représentée par $8 \times 9 \times 85 \times 1$ fr. 35 c.

Ce marchand de vins a donc 43600 litres de vin et 6120 litres de liqueurs; en cas de vente de la totalité, il devrait recevoir pour son vin 19620 fr., et pour ses liqueurs 8262 fr.

247. On a acheté 3 mètres 80 de velours à 12 fr. 75 c. le mètre; combien doit-on payer?

Solution. On doit payer 12 fr. 75 c. $\times 3^m,80$ ou 48 fr. 45 c.

248. Quel sera le prix de 5 décilitres de vin à 1 fr. 50 c. le litre?

Solution. 5 décilitres de vin coûteront 0 fr. 75 c.

249. A combien reviendront 45 hectares de terrain, l'are étant à 17 fr. 85 c.

Solution. Les 45 hectares de terrain reviendront à 80325 fr.

250. Quel sera le prix de 15 litres de vin, l'hectolitre coûtant 75 francs?

Solution. L'hectolitre de vin coûtant 75 fr., le litre n'en coûtera évidemment que la 100ᵉ partie, les 15 litres coûteront donc 0 fr. 75 c. $\times 15$, ou 11 fr. 25 c.

251. Le produit des nombres 7 et 231 exprime l'année dans laquelle Charles le Téméraire fut tué devant Nancy; indiquer l'époque de sa mort.

Solution. Charles le Téméraire mourut en 1547.

252. Le produit des nombres 8, 9 et 16 exprime l'époque à laquelle le Poitou fut porté en dot à Henri d'Angleterre par Eléonore d'Aquitaine; en quelle année la France perdit-elle cette province?

Solution. La France perdit le Poitou en 1152.

253. Exprimez en kilogrammes le poids de 73 pièces de 5 francs.

SOLUTION. 73 pièces de 5 francs pèsent 1ᴷᴳ 825ᴳ.

254. Quel est le poids d'un sac de monnaie renfermant 175 pièces de 40 fr. (la pièce de 40 fr. pèse 12 grammes, 9032)?

SOLUTION. 175 pièces de 40 fr. pèsent 2ᴷᴳ 258ᴳ 06.

255. Trouvez le cube du nombre 789.

SOLUTION. Le cube de 789 est 491169069.

256. Quel est la 5ᵉ puissance de 342 ?

SOLUTION. La 5ᵉ puissance de 342 est 4678757435232.

257. Quel est le poids de 75 décimètres cubes d'un liquide, le litre pesant 985 grammes ?

SOLUTION. Le litre n'étant lui-même qu'un décimètre cube, les 75 décimètres cubes pèseront donc 75 fois 985 ou 73875 grammes.

258. On a reçu 49 kilog. 27 grammes de sucre à 1 fr. 45 c. le kilog.; combien doit-on payer ?

SOLUTION. On doit payer pour ce sucre 71 fr. 44 c.

259. Trouvez le produit de 45,007 par 379,0302.

SOLUTION. Le nombre 17059, 0122114 représente le produit demandé.

PROBLÈMES

Sur l'addition, la soustraction et la multiplication combinées.

---

260. Un marchand de vin en a acheté 1500 litres à 0 fr. 30 c. le litre, il l'a revendu 0,45 c.; qu'a-t-il déboursé, qu'a-t-il reçu, quel a été son bénéfice ?

SOLUTION. Le litre de vin coûtant 0,30 c., 1500 litres ont coûté 0,30 c. répété 1500 fois, ou $0,30 \times 1500$; de même le litre de vin étant vendu 0,45 c., 1500 litres rapportent $0,45 \times 1500$; enfin le bénéfice du marchand sera exprimé par la différence entre ces deux produits.

Ce marchand de vin a déboursé 450 fr., il a reçu 675 fr., et son bénéfice a été de 225 fr.

261. Un fabricant emploie 565 ouvriers qui reçoivent par jour 2 fr. 35 c.; 345 reçoivent 2 fr. 75 c.; 243 touchent 3 fr. 50 c.; enfin 152 gagnent 4 fr. 75 c. Combien occupe-t-il d'ouvriers, que lui coûtent-ils par jour?

SOLUTION. Le nombre des ouvriers occupés sera représenté par la somme faite des nombres 565, 345, 243 et 152; la somme nécessaire pour les payer chaque jour s'obtiendra en ajoutant les divers produits résultant des multiplications de 565 par 2 fr. 35 c., de 345 par 2 fr. 75 c., de 243 par 3 fr. 50 c., et enfin de 152 par 4 fr. 75 c.

Ce fabricant emploie 1305 ouvriers qui lui coûtent chaque jour 3849 fr.

262. Un marchand de chevaux a fourni pour une remonte 3850 chevaux de cavalerie légère, au prix de 420 fr. l'un, 4380 d'artillerie à 500 fr., et enfin 2375 de grosse cavalerie, au prix de 480 fr. Il a pour chaque tête un bénéfice de 30 fr. sur la 1re espèce de 20 fr. sur la 2e, de 15 fr. sur la 3e; combien a-t-il livré de chevaux; combien a-t-il reçu d'argent en tout et pour chaque espèce; quel a été son bénéfice total et sur chaque espèce?

SOLUTION. La somme faite des nombres 3850, 4380, 2375, exprimera la totalité des chevaux à fournir; les produits résultant des multiplications de 3850 par 420, de 4380 par 500, et enfin de 2375 par 480, additionnés entre eux, donneront, pour total, la somme à recevoir, et chacun d'eux indiquera celle produite par chaque espèce de chevaux; enfin, la somme des produits effectués de 3850 par 30, de 4380 par 20, et de 2375 par 15, donnera le bénéfice total, l'un de ces produits représentant le bénéfice réalisé sur l'espèce des chevaux dont le multiplicande représente le nombre.

Ce marchand de chevaux en a donc fourni 10605, pour lesquels il a dû toucher en tout une somme de 4947000 fr., dont 1617000 fr. pour les chevaux de cavalerie légère, 2190000 fr. pour ceux d'artillerie, et 1140000 fr. pour ceux de grosse cavalerie; enfin, son bénéfice total s'élève à 238725 fr., dont 115500 fr. pour la première espèce, 87600 fr. pour la deuxième, et 35625 pour la troisième.

265. Un tapissier vend 6 chaises à 15 fr. l'une, 4 fauteuils à 60 fr., 7 glaces à 280 fr., 5 paires de rideaux à 35 fr. la paire. Quel est le montant de la facture?

SOLUTION. Le montant de la facture sera évidemment égal à la somme des divers produits effectués de 6 par 15, de 4 par 60, de 7 par 280, et de 5 par 35.

Il s'élève à 2465 fr.

264. Un négociant a acheté 345 mètres de drap à 25 fr. 35 c.; 3640 mètres de toile à 6 fr. 25 c., 15000 mètres de calicot à 0 fr. 75 c., 685 mètres de mousseline à 1 fr. 85 c. Il a revendu son drap à 29 fr. le mètre, la toile à 7 fr., le calicot à 0 fr. 85 c., la mousseline à 2 fr. 15 c.; combien a-t-il acheté de mètres d'étoffes, qu'a-t-il déboursé pour chaque espèce, quel a été son bénéfice total?

SOLUTION. La somme faite des nombres 345, 3640, 15000 et 685, exprimera la totalité des mètres d'étoffes achetés ; le produit de 345 par 25 fr. 35 c. indiquera le coût du drap ; celui de 3640 par 6 fr. 25 représentera le prix de la toile ; on obtiendra celui du calicot en multipliant 15000 par 0,75 c., et celui de la mousseline en multipliant 685 par 1 fr. 85 c.; enfin la différence entre la somme de ces divers produits et celle des produits obtenus en multipliant 345 par 29, 3640 par 7, 15000 par 0,85 c., et enfin 685 par 2 fr. 15 c. exprimera le bénéfice total demandé.

Ce négociant a donc acheté 19670 mètres d'étoffes ; il a déboursé pour le drap 8745 fr. 75 c , pour la toile, 22750 fr., pour le calicot 11250 fr., enfin pour la mousseline 1267 fr. 25 c.; son bénéfice total s'est élevé à 5694 fr. 75 c.

265. Une ménagère sort pour faire son marché : elle possède 3 pièces de 5 fr., 4 pièces de 1 fr. 50 c., 5 pièces de 0 fr. 50 c. et 7 pièces de 0 fr. 10 c.; après avoir terminé ses achats, il ne lui reste plus que 3 pièces de 2 fr. et 5 de 0 fr. 25 c.; qu'a-t-elle dépensé?

SOLUTION. La dépense faite sera évidemment représentée par l'excès de la somme que possédait cette ménagère avant son marché sur celle qui lui reste. Or, la première de ces sommes s'obtiendra en multipliant successivement 3 par 5, 4 par 1,50, 5 par 0,50, et 7 par 0,10, et en additionnant tous ces résultats; la deuxième sera représentée par la somme des produits de **3** par **2**, et de **5** par **0,25**.

La différence entre ces deux sommes **16** fr. **95** est le montant cherché de la dépense.

266. Un banquier doit toucher dans une journée 7 billets de 350 fr., 6 de 785, 3 de 2500 fr.; il possède en numéraire 37807; deux billets, l'un de 785 fr., l'autre de 2500 fr. n'ont pas été payés. Il a remboursé 15865 fr. 75 c.; quel est l'état de sa caisse après la fermeture ?

SOLUTION. La somme cherchée sera évidemment représentée par la différence existant entre le montant des billets qui ont été soldés, augmenté de la somme qui se trouvait en caisse, et la somme remboursée, 15865 fr. 75 c.

On trouve que la caisse après sa fermeture contenait **33316** fr. **25** c.

267. Un épicier possède 375 kilog. de sucre à 1 fr. 75 c., 425 kilog. 8 hectog. à 1 fr. 55 c. et 676 kilog. 35 décag. à 1 fr. 35 c.; combien a-t-il de kilog. de sucre, pour combien en possède-t-il en tout et de chaque espèce? Quel est l'excès de la somme la plus forte sur chacune des deux autres ?

SOLUTION. La quantité des kilogrammes de sucre que possède cet épicier est représentée par le résultat provenant de l'addition des nombres **425,8 375** et **676,35**; les sommes pour lesquelles il en possède de chaque espèce s'obtiendront en multipliant respectivement les nombres **375** par **1** fr. **75** c., **425,8** par **1** fr. **55** c., et **676,35** par **1** fr. **35** c.; la somme de ces trois produits donnera la somme totale représentée par cette marchandise; enfin, en soustrayant successivement chacune des plus faibles sommes de la plus forte, on obtiendra la réponse à la dernière partie du problème.

Cet épicier possède **1477** kilogrammes **15** décagrammes de sucre; il en a de la première espèce pour **656** fr. **25** c., de la deuxième pour 639 fr. 99 c., de la troisième pour 913 fr. 07 c., en tout, pour 2229 fr. 31 c.; il en possède de la troisième espèce pour 236 fr. 82 c. de plus que de la première, et pour 253 fr. 08 c. de plus que de la deuxième.

268. Une maison a 98 fenêtres et 18 portes vitrées, 42 fenêtres ont 6 carreaux à 1 fr. 75 c. pièce, 25 autres en ont 8 à 0 fr. 75 c., toutes les autres sont de 16 carreaux à 0 fr. 25 c.; chaque porte vitrée en compte 6 à 0 fr. 35 c.; combien y a-t-il de carreaux en tout et de chaque espèce? Que doit-on payer au vitrier chargé de les mettre en place?

Solution. Les nombres des carreaux de chaque espèce seront représentés respectivement par les produits de 42 par 6, de 25 par 8, de 98—42—25, ou de 31 par 16, enfin de 18 par 6; ces produits additionnés en donneront le nombre total; enfin la somme des produits résultant de la multiplication de chacun des trois premiers produits par le prix correspondant aux carreaux de l'espèce qu'il représente, indiquera ce que doit recevoir le vitrier chargé de les mettre en place.

Cette maison renferme 232 carreaux de la première espèce, 200 de la deuxième, 496 de la troisième, 108 de la quatrième, en tout 1056 carreaux; le vitrier chargé de les mettre en place doit recevoir 732 fr. 80 c.

269. Un ouvrage doit avoir 8 volumes, format in-8°, de 16 feuilles chacun; chaque page, pour l'imprimer, coûte de composition et de corrections 0 fr. 35 c., le tirage revient à 0,002^m, la brochure à 0 fr. 01 c. par feuille. A combien reviennent 1380 exemplaires brochés de cet ouvrage; que coûtent séparément 1° la composition; 2° le tirage; 3° la brochure?

Solution. Pour répondre aux différentes questions posées dans ce problème, on cherchera d'abord le nombre de feuilles dont l'ouvrage doit être composé ; la feuille in-8° contenant 16 pages, on déterminera, en multipliant le nombre de feuilles trouvé par ce nombre 16, la totalité des pages contenues dans tous les volumes ; ce résultat multiplié successivement par 0,35 c., prix d'une page de composition, et 0,002^m, prix d'une page de tirage donnera les prix de la composition totale et du tirage pour un seul exemplaire ; ce dernier produit multiplié lui-même par 1500 donnera le prix du tirage total ; le prix de la brochure pour un seul exemplaire sera représenté par le nombre des feuilles qu'il contient, multiplié par 0,01 c.; celui des 1500, par ce nombre multipié par le prix d'un seul.

Cet ouvrage coûte donc 716 fr. 80 c. de composition, 6144 fr. de tirage, 1920 de brochure ; les 1500 exemplaires tout brochés reviennent à 8780 fr. 80 c.

270. Un ouvrage in-8° de 45 volumes est divisé en deux parties : la 1re se compose de 20 volumes renfermant chacun 860 pages ; la 2° est formée du reste des volumes, qui contiennent chacun 768 pages. Chaque page a deux colonnes dont l'une renferme 55 lignes qui comptent elles-mêmes chacune 48 lettres. On demande le nombre de feuilles, de pages, de lignes et de lettres que contient l'ouvrage (la feuille in-8° a 16 pages).

Solution. La première partie devant renfermer 20 volumes, ayant chacun 860 pages, contiendra nécessairement ce nombre de pages répété 20 fois ; de même la deuxième partie renfermera autant de fois 768 pages qu'elle aura de volumes ou 768 × 25 pages ; la somme de ces deux produits indiquera le nombre des pages contenues dans l'ouvrage ; ce nombre multiplié par 2 donnera celui des colonnes ; le produit de ce dernier par 55 donnera le nombre des lignes ; enfin, le dernier produit multiplié par 48 représentera le nombre des lettres contenues dans tout l'ouvrage.

L'ouvrage en question renferme 36400 pages, divisées

en 72800 colonnes, formées par 4004000 lignes, composées de 192192000 lettres.

271. Un éditeur achète un ouvrage de 7 feuilles d'impression et pour lequel il paye à l'auteur 0 fr. 08 c. par exemplaire; chaque édition est tirée à 5000 exemplaires, on fait régulièrement 8 tirages par an; à combien s'élèvent les droits annuellement perçus par l'auteur, combien l'imprimeur reçoit-il de feuilles de papier chaque année pour imprimer cet ouvrage?

SOLUTION. 0,08 c. représentant le droit perçu pour un seul volume, il est clair que l'auteur percevra dans l'année autant de fois 0,08 c. qu'il y a d'exemplaires tirés; or, le nombre de ceux-ci s'élève à 5000 pour chaque tirage, et puisqu'il y en a 8 par an, il doit s'élever nécessairement à 8 fois 5000; la somme perçue par l'auteur devra donc être représentée par le produit $5000 \times 8 \times 0,08$ c.; de même 7 représentant le nombre de feuilles comprises dans l'ouvrage, il est clair qu'on a dû employer autant de fois 7 feuilles qu'il y a eu d'exemplaires tirés; le nombre des feuilles employées sera donc représenté par le produit $5000 \times 8 \times 7$.

L'auteur perçoit annuellement un droit de 3200 fr., et l'imprimeur reçoit 280000 feuilles de papier pour cet ouvrage.

272. Un horloger a acheté 137 montres en or à 235 fr. pièce, et 343 en argent à 28 fr. 75 c.; on demande combien il a acheté de montres, combien il a déboursé pour celles en or, celles en argent, pour toutes ensemble, quel est l'excès du nombre des montres en argent sur celui des montres en or, et la différence du prix d'achat de toutes celles-ci sur celui des autres.

SOLUTION. Le nombre total des montres achetées s'obtiendra en additionnant celles en or et celles en argent.

Une seule montre en or coûtant 235 fr., les 137 montres de même métal coûteront nécessairement ce prix répété 137 fois, ou 235 fr. × 137; de même une montre en argent revenant à 28 fr. 75 c., les 345 montres de ce métal reviendront à 28 fr. 75 c. × 345; la somme d'argent donnée pour ces deux achats sera exprimée par le résultat de l'addition des deux produits ainsi obtenus; l'excès du nombre des montres en argent sur celui des montres en or s'obtiendra par la soustraction des deux nombres 137 et 345; enfin, celui du prix de ces dernières sur le prix des autres s'obtiendra en soustrayant l'un de l'autre les nombres exprimant les prix de revient de ces deux achats.

Cet horloger a acheté 482 montres; le prix de celles en or s'est élevé à 32195 fr., celles en argent ont coûté 9918 fr. 75 c.; il a donc dépensé en tout 42113 fr. 75 c.; l'excès du nombre des montres en argent sur celles en or est 208, et le prix des montres en or excède de 22276 fr. 25 c. le prix de celles en argent.

273. Une église a 35 ouvertures dont chacune doit être fermée avec des verres de différentes couleurs et de différents prix. Les verres rouges, au nombre de 65 par ouverture, coûtent 0 fr. 45 c. pièce; les bleus, au nombre de 47, se payent 0 fr. 35 c.; enfin les blancs, au nombre de 90, se payent 0 fr. 25 c. On demande ce que coûteront les verres rouges, les bleus, les blancs; combien il y en aura en tout.

Solution. Chaque ouverture devant contenir 65 verres rouges, le nombre de ces verres sera égal au nombre 65 répété autant de fois qu'il y a d'ouvertures, il sera donc de 65 × 35; un seul verre coûtant 0,45 c., 65 × 35 verres coûteront nécessairement 65 × 35 × 0,45 c. En raisonnant de la même manière, on trouvera que le prix des verres bleus sera exprimé par le produit 47 × 35 × 0,35 c., et enfin que le prix des verres blancs sera indiqué par le produit effectué 90 × 35 × 0,25 c.; le nombre total des verres sera évidemment égal à la somme effectuée des produits 65 × 35, 47 × 35 et 90 × 35.

Le prix des verres rouges sera 1023 fr. 75 c., celui des verres bleus 575 fr. 75 c., celui des verres blancs 787 fr. 50 c.; le nombre total des verres s'élève à 7070.

274. Un particulier achète une propriété dont le prix est représenté par le produit effectué des 4 nombres 7, 6, 82, 75; il réalise, en la revendant, un bénéfice exprimé par le produit 18×25×37; combien a coûté cette propriété, combien a-t-elle été revendue?

Solution. Pour déterminer le prix d'achat de cette propriété, il suffit évidemment d'effectuer le produit 7 × 6 × 82 × 75 ; pour obtenir le prix de la vente, il suffira d'ajouter à ce premier produit le produit effectué 18 × 25 × 37 qui représente le bénéfice réalisé sur le prix d'achat.

Cette propriété achetée 258300 francs a été revendue 274950 fr.

275. Un joueur entre au jeu avec 3 pièces de 20 fr., 7 de 5 fr., 5 de 2 fr., et 15 de 0 fr. 50 c.; il se retire avec 4 pièces de 20 fr., 6 de 5 fr., 9 de 2 fr. et 7 de 0,25 c.; que possédait-il avant de jouer, quel a été son gain ?

Solution. La somme que ce joueur possédait en entrant au jeu sera représentée par la somme des divers produits 3 × 20 ; 7 × 5 ; 5 × 2 ; 15 × 0,50 ; en soustrayant cette somme de celle des divers produits 4 × 20 ; 6 × 5 ; 9 × 2 ; 7 × 0,25 c., qui représente ce qu'il possède en quittant le jeu, la différence entre ces deux sommes exprimera la quotité du gain.

Ce joueur est entré au jeu avec 112 fr. 50 c., il a gagné 17 fr. 25 c.

276. Faire connaître la durée du royaume de France, depuis la fondation de la troisième race par Hugues

Capet jusqu'à nos jours, sachant que le nombre d'années écoulées depuis, y compris les 22 ans que durèrent la république et l'empire, est égal au produit des deux nombres 16 et 49, augmenté du règne de Louis XV, qui dura de 1715 à 1774, et du temps écoulé depuis l'avénement de Louis-Philippe au trône en 1830. A quelle époque Hugues Capet s'empara-t-il de la couronne ; quelle fut la durée du règne de Louis XV ? (1851.)

SOLUTION. Depuis l'avénement de Hugues Capet au trône de France, il s'est écoulé 864 ans. Ce prince s'est emparé de la couronne en 987. Louis XV a régné 59 ans.

DIVISION

Problèmes sur la division.

277. On a acheté de l'étoffe à 9 fr. le mètre pour une somme de 45792 fr.; combien en a-t-on acheté de mètres ?

SOLUTION. 9 fr. représentant le prix d'un mètre d'étoffe, il est évident que 45792 fr. représentera autant de mètres de la même étoffe qu'il contiendra de fois 9 fr.; le nombre de mètres cherché sera donc égal au quotient de 45792 par 9.

On a acheté 5088 mètres d'étoffe.

278. Un courrier a parcouru dans 7 jours 665 kilomètres, combien en parcourait-il par jour ?

Solution. Il est évident que le courrier ne parcourait en un jour que la 7ᵉ partie du chemin qu'il a fait dans 7 jours; donc le quotient de 665 par 7 donnera le nombre cherché.

Il parcourait 95 kilomètres par jour.

279. 8 Fauteuils ont coûté 432 fr.; combien coûte l'un d'eux ?

Solution. 1 seul fauteuil coûte la 8ᵉ partie de 432 fr., ou 54 fr.

280. 6 glaces ont été payées 2340 fr.; quel est le prix moyen de l'une d'elles ?

Solution. Le prix moyen de l'une des glaces est égal à la sixième partie du prix total des 6 glaces réunies ou à 390 fr.

281. 37 pièces de vin ont coûté 6660 fr.; quel est le prix de l'une d'elles?

Solution. Puisque 6660 fr. représentent le prix des 37 pièces de vin, celui d'une seule de ces pièces sera représenté par un nombre qui en sera la 37ᵉ partie, ou par le quotient de 6660 divisé par 37.
Chaque pièce de vin revient à 180 fr.

282. La rame de papier à lettres a 480 feuilles, il y en a 6 au cahier; combien la rame a-t-elle de cahiers?

Solution. Le cahier de papier à lettres contenant 6 feuilles, la rame contiendra autant de cahiers que le nombre 480 contient 6, c'est-à-dire 80 cahiers.

283. Un foudre de vin a perdu, dans 24 heures, 1080 litres de vin; combien en aurait-il perdu s'il n'avait coulé qu'une heure?

Solution. Un foudre perdant en 24 heures 1080 litres de vin, en aurait perdu dans une heure la 24ᵉ partie seulement, ou 45 litres.

284. Une rame de papier de 500 feuilles contient 20 mains ; combien y a-t-il de feuilles dans la main?

SOLUTION. La main contient évidemment autant de feuilles que le nombre 500 contient de fois 20.

Une main de papier en contient 25 feuilles.

285. 276 rames de papier pesant 786 ^{KG} 60 ^{DG} coûtent 2318 fr. 40 c. Dire le prix et le poids d'une rame.

SOLUTION. 2318 fr. 40 c. représentant le prix de 276 rames de papier, celui d'une seule rame sera représenté par $\frac{2318,40}{276}$; en second lieu, le poids de 276 rames de papier étant représenté par 786^{KG}, 60^{DG}, celui d'une seule rame sera représenté par $\frac{789,60}{276}$.

La rame de papier revient à 8 fr. 40 c. et pèse 2 kilogrammes 85 décagrammes.

286. Un particulier dépense dans une année 4380 fr.; que dépense-t-il par jour, l'année étant de 365 jours?

SOLUTION. La dépense moyenne de ce particulier par jour est nécessairement représentée par le quotient de 4380 par 365.

Elle s'élève à 12 fr.

287. Un ouvrier gagne 2281 fr. 25 c. par an, il en met le cinquième de côté et dépense le reste pour son ménage; à combien s'élève sa dépense journalière?

SOLUTION. Pour connaître le montant de la dépense journalière de cet ouvrier, on cherche d'abord le 5e de 2281,25, qu'on retranche de ce nombre; on effectue ensuite la division du résultat 1825 par 365, nombre des jours de l'année, et le quotient 5 indique la dépense cherchée.

288. 6 héritiers doivent se partager une succession

qui s'élève à 895434 fr.; combien chacun recevra-t-il?

SOLUTION. Un héritier représentant la 6ᵉ partie des héritiers, sa part dans la succession, qui doit être répartie également entre tous, doit être aussi la 6ᵉ partie de 895434 : on la déterminera donc en divisant 895434 par 6.

Chaque héritier recevra 149239 fr.

289. Un maître de forges a acheté 380 stères de bois, pour 7562 fr.; à combien revient le stère?

SOLUTION. En effectuant la division du prix total, ou de 7562 fr. par 380, on obtient pour quotient 10 fr. 90 c., qui représente le prix cherché.

290. Une plantation renferme en 85 rangées 3825 pieds d'arbres. Combien chaque rangée en contient-elle?

SOLUTION. Chaque rangée d'arbres en contient un nombre qui sera évidemment exprimé par le quotient de 3825 par 85.

Une rangée contient donc 45 arbres.

291. Combien doit-on vendre le litre de vin pour que 785 litres rapportent 824 fr. 25 c.?

SOLUTION. 785 litres de vin devant rapporter 824 fr. 25 c., il est évident qu'un seul litre devra rapporter la 785ᵉ partie de cette somme; le quotient de 824,25 par 785 répondra donc à la question proposée.

Le prix du litre devra s'élever à 1 fr. 05 c.

292. Un épicier a vendu 1° 380 kilog. de sucre pour 836 francs, 2° 475 kilog. 50 décag. pour 903 fr. 45 c., enfin 625 kilog. 5 hectog. pour 1000 fr. 80 c.; combien a-t-il vendu le kilog. de chaque espèce ?

SOLUTION. 836 fr. représentant le prix de 380 kilogrammes de sucre, celui de 1 kilogramme sera représenté par $\frac{636}{360}$; 903 fr. 45 c. représentant le prix de 475 kilogrammes 50 décagrammes, le prix de 1 kilogramme sera représenté par $\frac{90345}{47550}$; enfin le prix de 625 kilogrammes 5 hectogrammes étant représenté par 1000 fr. 80 c., celui de 1 kilogramme sera représenté par $\frac{100080}{6255}$.

Le kilogramme de sucre de la 1re espèce a été vendu 2 fr. 20 c., celui de la 2e 1 fr. 90 c., enfin celui de la 3e 1 fr. 60 c.

293. Une bibliothèque de 36780 volumes est estimée à 12873 fr.; quelle est la valeur d'un volume?

SOLUTION. 12873 fr. représentant le prix d'estimation de 36780 volumes, celui d'un seul volume sera exprimé par $\frac{12873}{36780}$ ou par 0 fr. 35 c.

294. 2360 soldats ont brûlé 11800 cartouches, combien chaque soldat en a-t-il brûlé?

SOLUTION. Pour que chaque soldat ait brûlé une seule cartouche, il faudrait que le nombre des cartouches brûlées eût été égal à celui des soldats, c'est-à-dire à 2360; par conséquent, chacun d'eux doit avoir brûlé autant de fois 1 cartouche que 2360 sera contenu de fois dans 11800; on est donc conduit à diviser 11800 par 2360.

Chaque soldat a brûlé 5 cartouches.

295. Une compagnie de 75 ouvriers doit se partager une gratification de 1897 fr. 50 c.; combien chacun doit-il recevoir?

SOLUTION. Un ouvrier représentant la 75e partie des partageants, la part qu'il retirera devra représenter aussi la soixante-quinzième partie de la gratification qui doit être répartie également entre tous; le quotient de 1907,50 par 75 exprimera donc la somme cherchée.

Chacun doit recevoir 25 fr. 30 c.

296. Un particulier a acheté 235 litres de vin pour 575 f. 75 c.; à combien lui revient le litre de ce liquide?

SOLUTION. 575,75 étant le prix de 235 litres, celui de 1 litre en sera la 235ᵉ partie, ou le quotient de 575,75 par 235.

Un litre revient à **2 fr. 45 c.**

297. Un volume in-18 a 648 pages; combien a-t-il de feuilles? (La feuille in-18 contient 36 pages.)

SOLUTION. La feuille in-18 renfermant 36 pages, il est évident que le volume en question renfermera autant de fois une feuille que le nombre de pages 648, qu'il renferme, contiendra de fois 36; le quotient de 648 par 36 répondra donc à la question.

Ce volume est composé de **18 feuilles.**

298. Un volume in-12 renferme 1572480 lettres, 30240 lignes, 672 pages. Dire combien il a de feuilles (la feuille in-12 a 24 pages), le nombre des lettres contenues dans une ligne, le nombre des lettres et des lignes contenues dans une page, dans une feuille.

SOLUTION. Ce problème peut se diviser en quatre autres distincts.

Le 1ᵉʳ répondant à la première question, s'énoncera ainsi : *Un volume in-12 renferme 672 pages, combien a-t-il de feuilles ?*

La feuille in-12 renfermant 24 pages, ce volume contiendra autant de fois une feuille que le nombre 672 contiendra de fois 24 ; le quotient de 672 par 24 répondra donc à cette première question.

Le 2ᵉ, répondant à la 2ᵉ question, s'énoncera ainsi : *Un volume, renfermant 1572480 lettres, contient 30240 lignes ; combien chaque ligne a-t-elle de lettres ?*

30240 lignes étant composées de 1572480 lettres, une

seule ligne sera évidemment composée d'un nombre de lettres exprimé par le quotient de 1572480 par 30240.

Le 3°, répondant à la 3° question, s'énoncera ainsi : *Un volume de 672 pages contient 30240 lignes et 1572480 lettres; combien chaque page contient-elle de lignes, de lettres ?*

672 pages étant formées de 30240 lignes et de 1572480 lettres, une seule page se composera d'un nombre de lettres exprimé par le quotient de 30240 par 672 et d'un nombre de lettres également exprimé par le quotient de 1572480 par 672.

Enfin le 4°, répondant à la dernière question, s'énoncera ainsi : *Un volume formé de 28 feuilles est composé de 30240 lignes et de 1572480 lettres; combien une feuille contient-elle de lignes, de lettres?*

En suivant un raisonnement semblable au précédent, on trouvera que les quotients de 30240 par 28 et de 1572480 par 28 répondront à la question.

Donc le volume en question renferme 28 feuilles, chaque ligne se compose de 52 lettres, chaque page contient 45 lignes, 2340 lettres; enfin chaque feuille contient 1080 lignes, 56160 lettres.

299. Une bibliothèque renferme 47625 volumes répartis sur 635 rayons; combien chacun en contient-il?

SOLUTION. Les volumes étant répartis également sur les rayons, et un rayon étant la six cent trente-cinquième partie des 635 qui composent la bibliothèque, il devra contenir la six cent trente-cinquième partie du nombre total des volumes ; il faut donc diviser 47625 par 635.

Chaque rayon contient 75 volumes.

300. Il y a dans une année 525600 minutes, un jour en contient 1440, une heure 60; combien y a-t-il de jours et d'heures dans l'année, d'heures dans le jour ?

SOLUTION. Le jour comptant 1440 minutes, il est clair que l'année qui en comprend 525600 contiendra autant

de fois un jour que ce dernier nombre contiendra de fois
1440 ; de même elle contiendra autant d'heures que le
même nombre 525600 contiendra de fois 60. Enfin, le
jour comprendra lui-même un nombre d'heures déterminé
par le quotient de 1440 par 60.

L'année compte 365 jours, 8760 heures ; le jour compte
24 heures.

501. Quatre héritiers doivent se partager une
somme de 37750 fr.; le 1er a droit au cinquième de
cette somme, le 2e au quart du reste, le 3e au tiers
du reste. Quelle sera la part de chacun ?

Solution. Pour résoudre ce problème, il suffira de
chercher d'abord la part de la première personne, en divisant par 5 la somme à partager, 37750 ; ce quotient retranché du dividende donnera pour résultat un reste,
qui, divisé par 4, donnera pour quotient la 2e part ; on
retranchera également cette 2e part du dividende qui a
servi à la former ; on divisera le reste obtenu par 3, le
quotient représentera la 3e part, et la 4e sera exprimée
par la différence obtenue en soustrayant ce dernier quotient de son dividende.

La première personne a dû recevoir 7550 francs, la
deuxième, 7550 fr., la troisième, 7550 fr., et la quatrième
15100 fr.

502. Les monnaies d'or et d'argent contenant 9
parties de fin et 1 de cuivre, déterminer le poids du
cuivre contenu dans 342 kilog. d'or et 6687 kilog.
d'argent monnayés.

Solution. Le cuivre, d'après la composition indiquée
des monnaies d'or et d'argent, y entrant pour un dixième
de leur poids, il est évident que pour avoir le poids du
cuivre compris dans 342 kilog. d'or et 6687 kilog. d'argent, il faudra prendre la 10e partie de chacun de ces
nombres, c'est-à-dire les diviser par 10.

342 kilog. d'or contiennent donc 34 kilog. 2 hectog.

de cuivre, et 6687 kilog. d'argent en contiennent 668 kil. 7 hectog.

503. Diviser le nombre 34573 en deux parties dont l'une surpasse l'autre de 345.

Solution. Les deux nombres demandés devant différer entre eux du nombre 345, pour les obtenir, on est conduit d'abord à soustraire le nombre 345 du nombre à partager 34573; si ensuite on divise le résultat obtenu par 2, on obtient deux nombres évidemment égaux au plus petit des deux demandés, et en ajoutant enfin à l'un d'eux la différence connue on a le plus grand.

Les deux nombres cherchés sont 17459 et 17114.

504. La longueur d'une corde à nœuds est de 38 mètres 15 centimètres; la distance entre deux nœuds consécutifs est de 35 centimètres. Déterminer leur nombre.

Solution. 0,35 centimètres exprimant la distance entre deux nœuds, il est clair que la corde en question contient autant de nœuds que cette distance est contenue de fois dans sa longueur; on est donc ramené à diviser 38,15 par 0,35.

Cette corde contient 109 nœuds.

505. Un bureau de bienfaisance partage entre ses pauvres une somme de 387 fr. 85 c.; chacun d'eux reçoit 0,25 c., et il reste 10 c.; dire le nombre des partageants.

Solution. Chaque pauvre ayant reçu 0,25 c., il est clair que cette somme a dû être distribuée à un nombre d'individus égal au nombre de fois qu'elle est contenue elle-même dans la somme 387 fr. 85 c. à partager. Le nombre des pauvres sera donc égal au quotient de 387,85 par 0,25.

Ces pauvres étaient au nombre de 1551. Ce nombre multiplié par 0,25 donne en effet pour produit 387,75, qui, augmenté de 0,10 centimes, représente le nombre proposé 387,85.

306. La hauteur d'une tour est de 142 mètres, 695 millim., on monte pour arriver au sommet 453 marches égales en hauteur ; quelle est la hauteur d'une marche ?

Solution. Les 453 marches comprenant une hauteur de 142^m,80, la hauteur d'une seule marche ne sera nécessairement que la 453e partie de la hauteur totale. On est donc conduit, pour la déterminer, à prendre la 453e partie de 142,80, ou à diviser 142,80, par 453.

La hauteur d'une marche est de 0,315 millimètres.

307. Trouver à 0,0001 près le quotient de 74579 par 137.

Solution. Le quotient cherché est 544,3722.

308. Le quotient entier de 409866 par 332, augmenté du dernier reste de cette division, exprime l'année de la naissance de *Jeanne d'Arc* ; l'année de la mort de cette héroïne, brûlée vive à Rouen par les Anglais, est représentée par le produit des nombres 27 et 53 ; indiquer les années de sa naissance, de sa mort, la durée de sa vie.

Solution. Pour répondre aux deux premières questions, il suffit d'effectuer les opérations indiquées dans l'énoncé ; on répondra à la 3e, en déterminant la différence entre les deux résultats obtenus.

Jeanne d'Arc naquit en 1412, mourut en 1431 ; elle a vécu 19 ans.

309. Deux négociants font un échange : le 1er donne au 2me 1525 litres de vin à 0 fr. 85 c. ; celui-ci lui rend 547 litres de liqueur. Le 1er redoit au 2me 16 fr. 55 c. A combien lui revient le litre de liqueur ?

SOLUTION. Un litre de vin valant 0,85 cent., les 1525 litres valent 0 fr. 85 c. × 1525 ; ce produit, augmenté de 16 fr. 55 c., doit donner le prix des 547 litres de liqueur, donc un litre coûtera la 547ᵉ partie de cette somme ; on est conduit à diviser 0 fr. 85 c. × 1525 + 16 fr. 55 c. par 547.

Le litre de liqueur revient à 2 fr. 40 c.

510. Un décalitre de blé fournit 658 décag. de pain. Combien en faudra-t-il pour en produire 115150 décagr.?

SOLUTION. 658 décag. représentant la quantité de pain fournie par 1 décalitre de blé, pour obtenir 115150 décag. de pain, il faudra nécessairement employer autant de fois 1 décalitre que 658 sera contenu dans 115150.

Il faudra donc 175 décalitres de blé.

511. Déterminer à 0,000001 près le quotient de 357947 par 35671.

SOLUTION Le quotient demandé est 10,034678.

512. Trouver à 0,01 près le quotient de 301212 par 432.

SOLUTION. Le quotient cherché est 697,25.

513. Trouver le nombre qui, multiplié par 357, donne 1622565 pour produit.

SOLUTION. Le nombre demandé n'est autre que le quotient de la division de 1622565 par 357 ou 4545.

514. Trouver à 0,001 près le quotient de 42757 par 32,09.

SOLUTION. Le quotient cherché est 1332,408.

515. Trouver à 0,00001 près le quotient de 97432,937 par 9,000749.

SOLUTION. Le quotient cherché est 10824,98101.

516. Trouver le nombre qui, multiplié par 345,75, donnerait pour produit 1220497,50.

SOLUTION. Le quotient de la division de deux nombres étant tel que, multiplié par le diviseur, il doit reproduire le dividende, il suffit, pour résoudre la question proposée, de déterminer le quotient de 122049750 par 34575.

Ce quotient est 3530.

517. Trouver à 0,001 près le quotient de 3579,05 par 25,37.

SOLUTION. Ce quotient est **141,074.**

518. Un sac renfermant 4850 pièces de 5 fr. pèse 12125 décag.; quel est le poids d'une de ces pièces?

SOLUTION. 12125 décag. exprimant le poids de 4850 pièces de 5 francs, le poids d'une seule pièce n'en sera que la 4850e partie, ce qu'exprimera le quotient de 12125 par 4850.

Ce quotient est **25** grammes.

519. Trouver le quotient de 0,09157 par 0,000356.

SOLUTION. Le nombre **60** est le quotient cherché.

520. Trouver à 0,001 près le quotient de 0,003072 par 0,00357.

SOLUTION. Le nombre **0,605** est le quotient cherché.

FRACTIONS

Exercices sur les fractions ordinaires.

521. Écrire les fractions : *cinq septièmes; neuf treizièmes; vingt-trois vingt-quatrièmes; soixante-sept cent vingt-cinquièmes; trois cent soixante-quinze cinq cent quarante-troisièmes; six mille deux cent trente-sept cinquante-trois mille quatre cent soixante-dix-huitièmes.*

RÉPONSE. Ces fractions sont : $\frac{5}{7}$; $\frac{9}{13}$; $\frac{23}{24}$; $\frac{67}{125}$; $\frac{375}{543}$; $\frac{6237}{53478}$.

522. Énoncer les fractions suivantes : $\frac{4}{9}$; $\frac{7}{11}$; $\frac{23}{32}$; $\frac{435}{672}$; $\frac{8301}{9027}$; $\frac{43704}{56327}$.

RÉPONSE. Ces fractions sont : *quatre neuvièmes; sept onzièmes; vingt-trois trente-deuxièmes; quatre cent trente-cinq six cent soixante-douzièmes; huit mille trois cent un neuf mille vingt-septièmes; quarante-trois mille sept cent quatre cinquante-six mille trois cent vingt-septièmes.*

523. Mettre le nombre entier 37 sous la forme d'une fraction dont 12 serait le dénominateur.

RÉPONSE. L'unité valant 12 fois $\frac{1}{12}$, le nombre 37 vaut 37 fois 12 fois $\frac{1}{12}$ ou 37×12 fois $\frac{1}{12}$ ou $\frac{37 \times 12}{12}$ ou $\frac{444}{12}$.

524. Mettre les fractions décimales suivantes : 0,3 ; 0,04; 0,005; 0,435; 0,3557; 0,302; 0,40203, sous la forme de fractions ordinaires.

Réponse. Ces fractions deviennent respectivement $\frac{3}{10}$; $\frac{4}{100}$; $\frac{5}{1000}$; $\frac{435}{1000}$; $\frac{3557}{10000}$; $\frac{302}{1000}$, et $\frac{40203}{100000}$.

525. Mettre sous la forme de fractions ordinaires les expressions décimales suivantes : 4,002; 32,043; 27,00007; 437,04305; 2457,0030507; 5678,10203045.

Réponse. Ces expressions deviennent $\frac{4002}{1000}$; $\frac{32043}{1000}$; $\frac{2700007}{100000}$; $\frac{43704305}{100000}$; $\frac{24570030507}{10000000}$; et $\frac{567810203045}{100000000}$.

526. Extraire les entiers compris dans les expressions fractionnaires suivantes : $\frac{37}{4}$; $\frac{28}{9}$; $\frac{345}{17}$; $\frac{569}{13}$; $\frac{4867}{238}$; $\frac{5739}{624}$.

Réponse. Ces expressions deviennent respectivement : $9 + \frac{1}{4}$; $3 + \frac{1}{9}$; $20 + \frac{5}{17}$; $43 + \frac{10}{13}$; $20 + \frac{107}{23}$; $9 + \frac{123}{624}$, ou $9 + \frac{41}{208}$.

527. Réduire les fractions ordinaires $\frac{35}{12}$; $\frac{27}{64}$; $\frac{69}{88}$; $\frac{67}{185}$; $\frac{305}{349}$; $\frac{6734}{8682}$; $\frac{2467}{6345}$; $\frac{34729}{43279}$, en fractions décimales.

Réponse. Les valeurs de ces fractions évaluées à 0,001 près, sont respectivement 0,292; 0,422; 0,711; 0,496; 0,956; 0,776; 0,387; 0,802.

528. Rendre la fraction $\frac{34}{57}$ 345 fois plus grande.

Réponse. En multipliant le numérateur 34 par 345 on obtient $\frac{11730}{57}$ pour la fraction demandée.

529. Rendre la fraction $\frac{13}{24}$ 125 fois plus petite.

Réponse. En multipliant le dénominateur 24 par 125, on obtient $\frac{13}{3000}$ pour la fraction demandée.

550. Simplifier l'expression de la fraction $\frac{12}{36}$ sans en changer la valeur.

Réponse. On peut simplifier cette expression, en divisant par 12 le numérateur et le dénominateur ; on obtient pour résultat $\frac{1}{3} = \frac{12}{36}$.

551. Réduire au même dénominateur les fractions suivantes : $\frac{2}{3}$, $\frac{3}{4}$, $\frac{4}{5}$ et $\frac{5}{7}$.

Réponse. On obtient pour résultat $\frac{280}{420}$; $\frac{315}{420}$; $\frac{336}{420}$; $\frac{300}{420}$.

552. Indiquer quelle est la plus grande des fractions $\frac{37}{45}$ et $\frac{36}{54}$.

Réponse. Ces fractions simplifiées d'abord, puis réduites au même dénominateur, deviennent respectivement $\frac{333}{405}$ et $\frac{180}{405}$; la fraction $\frac{37}{45}$ est donc la plus grande.

Problèmes sur l'addition, la soustraction, la multiplication et la division des fractions.

553. Quelle est la somme des fractions $\frac{2}{3}$, $\frac{1}{7}$, $\frac{4}{5}$ et $\frac{3}{4}$?

Réponse. Ces fractions étant réduites au même dénominateur deviennent respectivement $\frac{280}{420}$; $\frac{60}{420}$; $\frac{336}{420}$; $\frac{315}{420}$; en ajoutant les numérateurs et simplifiant on a pour résultat $2 + \frac{17}{140}$.

554. On a vendu séparément les $\frac{2}{5}$, le $\frac{1}{10}$ et la $\frac{1}{2}$ d'un mètre de drap. Combien en a-t-on vendu en tout ?

Réponse. Il est évident qu'on déterminera le nombre de mètres vendus en additionnant les fractions $\frac{2}{5}$, $\frac{1}{10}$ et $\frac{1}{2}$. On a donc vendu 1 mètre de drap.

535. Une grande règle en bois contient à la fois les $\frac{7}{11}$, la $\frac{1}{2}$ et les $\frac{3}{5}$ d'un mètre. Quelle est sa longueur ?

RÉPONSE. Pour connaître la longueur de cette règle, il faudra évidemment faire l'addition de toutes les parties dont elle se compose, c'est-à-dire des fractions $\frac{7}{11}$, $\frac{1}{2}$ et $\frac{3}{5}$; puis en extrayant les unités du résultat, on aura $1^m + \frac{81}{110}$ qui représente en mètres la longueur cherchée.

536. Un ouvrier a travaillé successivement $\frac{2}{3}$, $\frac{1}{2}$ et $\frac{3}{4}$ d'heure. Combien d'heures de travail lui doit-on ?

RÉPONSE. Le nombre des heures de travail de cet ouvrier sera représenté par la somme des fractions $\frac{2}{3}$, $\frac{1}{2}$ et $\frac{3}{4}$ ou par $\frac{23}{12}$ et en extrayant les entiers de cette expression, par $1^h + \frac{11}{12}$ d'heure.

537. Trois sources fournissent par minute : la première $\frac{4}{5}$ de décalitre, la deuxième $\frac{2}{3}$, la troisième $\frac{7}{8}$ de décalitre. Que donnent-elles ensemble par minute ?

RÉPONSE. Additionnant les fractions $\frac{4}{5}$, $\frac{2}{3}$ et $\frac{7}{8}$, on trouve pour résultat l'expression $\frac{291}{120}$ qui devient en extrayant les entiers $2 + \frac{11}{120}$. Ces trois sources fournissent donc ensemble 2 décalitres d'eau $+ \frac{11}{120}$ par minute.

538. Trouver la différence qui existe entre les fractions $\frac{5}{7}$ et $\frac{3}{4}$.

RÉPONSE. Réduisant au même dénominateur les fractions proposées $\frac{5}{7}$ et $\frac{3}{4}$, on obtient les nouvelles fractions $\frac{20}{28}$ et $\frac{21}{28}$ dont la différence $\frac{1}{28}$ est le résultat demandé.

539. Un coupon d'étoffe avait $\frac{7}{10}$ de mètre, on en a vendu $\frac{2}{5}$ de mètre. Combien en reste-t-il ?

RÉPONSE. La quantité d'étoffe qui reste devant être représentée par la différence entre la quantité vendue et celle que contenait le coupon, on est conduit pour la déterminer à soustraire la fraction $\frac{2}{5}$ de $\frac{7}{10}$; or $\frac{7}{10} - \frac{2}{5} = \frac{7}{10} - \frac{4}{10} = \frac{3}{10}$; il reste donc $\frac{3}{10}$ de mètre d'étoffe.

540. Un flacon pèse $\frac{3}{4}$ de kilogramme; on lui enlève son bouchon, et il ne pèse plus que $\frac{2}{3}$ de kilogramme. On désire savoir le poids du bouchon.

RÉPONSE. Le poids du bouchon sera évidemment égal à *l'excès du poids total représenté par $\frac{3}{4}$ sur celui du flacon seul représenté par $\frac{2}{3}$*, ou à $\frac{1}{12}$ de kilog.

541. Deux filtres donnent : le premier $\frac{4}{5}$, et le second $\frac{8}{9}$ *de litre de liqueur dans le même temps. Combien l'un en produit-il de plus que l'autre?*

RÉPONSE. *Pour comparer les quantités de liqueur données par ces filtres, on réduira d'abord au même dénominateur les fractions $\frac{4}{5}$ et $\frac{8}{9}$, qui représentent ces quantités; on obtient pour résultat les nouvelles fractions $\frac{36}{45}$ et $\frac{40}{45}$ qui, soustraites l'une de l'autre, donnent $\frac{4}{45}$ pour l'excès cherché.*

542. On demande quels sont les $\frac{7}{8}$ de 40 francs?

RÉPONSE. Le $\frac{1}{8}$ de 40 francs est $\frac{40}{8}$; les $\frac{7}{8}$ de 40 fr. seront $\frac{7 \times 40}{8}$ ou $\frac{280}{8}$ ou enfin **35** francs.

543. Déterminer ce que coûteront $\frac{3}{4}$ de kilogramme de café, à raison de 2 francs le kilogramme.

RÉPONSE. Le prix cherché sera **2** fr. $\times \frac{3}{4}$ ou $\frac{6}{4}$ de fr. ou enfin **1** fr. **50** centimes.

544. Un voyageur fait $\frac{2}{5}$ de myriamètre par heure, combien en fera-t-il en 15 heures?

RÉPONSE. Il parcourra **15** fois $\frac{2}{5}$ de myriamètre ou $\frac{30}{5}$ ou **6** myriamètres.

545. Trouver les $\frac{5}{8}$ des $\frac{4}{5}$ d'un litre.

Réponse. Le huitième des $\frac{4}{5}$ d'un litre est $\frac{4}{40}$ qui, répété 5 fois, donne $\frac{20}{40}$ ou $\frac{1}{2}$ pour l'expression de la valeur cherchée.

546. On donne en échange $\frac{5}{4}$ de kilogramme de café pour un kilogramme de sucre. Combien en recevrat-on pour les $\frac{2}{3}$ d'un kilogramme de sucre ?

Réponse. La valeur de $\frac{3}{4}$ de kilog. de café étant la même que celle de 1 kilog. de sucre, pour $\frac{2}{3}$ de kilog. de sucre on ne devra recevoir que les $\frac{2}{3}$ de $\frac{3}{4}$ de kilog. de café ou $\frac{6}{12}$ ou $\frac{1}{2}$ kilog. de café.

547. Quel est le huitième de la fraction $\frac{4}{5}$?

Réponse. On a pour résultat $\frac{4}{40}$.

548. On demande le quotient de $\frac{15}{32}$ divisés par $\frac{6}{7}$.

Réponse. Ce quotient sera représenté par le produit de la fraction dividende $\frac{15}{32}$ par la fraction diviseur renversée $\frac{7}{6}$, c'est-à-dire $\frac{105}{192}$.

Exercices sur les nombres fractionnaires.

549. On demande combien il y a de mètres de toile dans une pièce qui en contient 297 *huitièmes*.
Réponse. Pour connaître le nombre de mètres renfermés dans la pièce, il est clair qu'il faut extraire les unités de la fraction $\frac{297}{8}$; on a 37 mètres $+ \frac{1}{8}$ pour résultat.

550. Quel est le nombre de seizièmes de kilogramme qui entrent dans 52 kilogrammes ?
Réponse. Chaque kilogramme valant $\frac{16}{16}$, les 52 kilog. valent 52 fois davantage, ou $\frac{16}{16} \times 52 = \frac{832}{16}$.

551. Un tailleur demande 2 mètres $\frac{1}{4}$ d'un certain drap pour faire un habit, 1 mètre $\frac{1}{3}$ pour un pantalon, et $\frac{5}{8}$ pour un gilet. Combien faut-il lui en donner?

RÉPONSE. Ajoutant $2 + \frac{1}{4}$ avec $1 + \frac{1}{3}$ et $\frac{5}{8}$, on trouve 4 mètres $+ \frac{5}{24}$ pour la quantité de drap à fournir.

552. Une machine peut filer 2 kilogrammes $\frac{3}{4}$ de coton par heure, combien en filera-t-elle dans l'espace de 5 heures $\frac{1}{2}$?

RÉPONSE. Cette machine filera autant de kilogrammes de coton qu'il y aura d'unités dans le produit des nombres $2 + \frac{3}{4}$ et $5 + \frac{1}{2}$, c'est-à-dire 15 kilogrammes $+ \frac{1}{8}$.

553. 7 mètres $\frac{5}{6}$ d'une étoffe ont coûté 183 francs : on demande le prix du mètre.

RÉPONSE. Il faut diviser 183 francs par $7 + \frac{5}{6}$ ou $\frac{61}{8}$; le résultat 24 fr. est le prix du mètre.

554. On a payé 64^f, 75^c. pour 4 mètres $\frac{5}{8}$ de velours; on demande combien auraient coûté 7 mètres $\frac{3}{4}$.

RÉPONSE. En réduisant les nombres $4 + \frac{5}{8}$ et $7 + \frac{3}{4}$ en expressions fractionnaires qui aient un même dénominateur, ils deviennent $\frac{37}{8}$ et $\frac{62}{8}$. Alors on dira :
Si $\frac{37}{8}$ ont coûté $\qquad\qquad$ 64 fr. 75 c.
$\frac{1}{8}$ a été payé la 37e partie de 64 fr. 75 c. ou 1 fr. 75 c.
$\frac{62}{8}$ vaudront donc 1 fr. 75 c. répétés 62 fois, ou 108 fr. 50 c.
On aurait pu chercher le prix d'un mètre en divisant 64,75 par $4 + \frac{5}{8}$; et le quotient multiplié par $7 + \frac{3}{4}$ eût donné également 108 fr. 50 c. pour résultat.

PROBLÈMES

Sur les règles de trois.

555. 315 tombereaux de terre ont suffi pour combler un trou de 630 mètres cubes. Combien en faudra-t-il pour combler un trou de 1580 mètres cubes?

SOLUTION. Si 630 m. c. sont remplis par 315 tombereaux,

1 mètre cube sera comblé par $\frac{315}{630}$ tombereaux,

1580 m. c. le seront par $\frac{315 \times 1580}{630}$ tombereaux.

Il faudra donc 790 tombereaux de terre pour combler un trou de 1580 mètres cubes.

556. On a acheté 395 kilog. de sucre pour 242 fr. 53 c.; on en a payé un nouvel achat 383 fr. 75 c. En exprimer le poids en kilogrammes.

SOLUTION. 242,53 représentant le prix de 395 kil..

1 fr. représentera le prix de $\frac{395}{242,53}$ kil.

383 fr. 75 c. exprimera celui de $\frac{395 \times 38375}{24253}$ kilog.

Ce nouvel achat contenait donc 625 kilogrammes de ucre.

557. En 15 jours un courrier a parcouru 2220 kilom.; en combien de jours en parcourra-t-il 1480?

SOLUTION. Si 2220 kilomètres ont été parcourus en 15 jours,

1 kilomètre a été parcouru en $\frac{15}{2220}$ jours,

1480 kilomètres l'auront été en $\frac{15 \times 1480}{2220}$ jours.

Ce courrier a donc employé **10** jours pour parcourir **1480** kilomètres.

5:8. Un voiturier demande **136** fr. **50** c. pour transporter de Paris à Marseille divers objets pesant **825** kilog.; combien prendrait-il si le poids était de **275** kilog.?

Solution. Le transport de **195**^{kil} revenant à **136**^{f}, **50**^{c},
Celui de **1** kilog. revient à $\frac{136,50}{825}$ fr.,
Celui de **275** kilog. reviendra à $\frac{136,50 \times 275}{825}$ fr.
Ce voiturier prendra donc pour le deuxième transport une somme de **45** fr. **50** c.

559. Un ouvrier, pour un travail de **25** jours, a reçu **112** fr. **50** c.; quelle somme lui était due après **5** jours?

Solution. Si, après **25** jours de travail, il était dû à cet ouvrier **112** fr. **50** c.,
Après un jour, il lui revenait $\frac{112,50}{25}$ fr.,
Après **5** jours, il lui revenait $\frac{112,50 \times 5}{25}$ fr.
Il lui était dû, après **5** jours, **22** fr. **50** c.

360. **7385** kilog. de pain suffisent pour nourrir la garnison d'un fort pendant **25** jours; combien en faudra-t-il pour la nourrir pendant **15** jours seulement?

Solution. Si pour **25** jours il faut **7385** kilogrammes,
Pour **1** jour, il en faut $\frac{7385}{25}$ kil.,
Pour **15** jours, il en faudra $\frac{7385 \times 15}{25}$ kil.
Il faudrait donc **4431** kilogrammes de pain.

361. Un tailleur a employé **265** mètres de drap pour habiller une compagnie de **150** hommes; combien en faudra-t-il pour habiller une compagnie de **1500** hommes de la même taille?

Solution. Si **150** hommes sont habillés avec **265** mètres,
1 homme le sera avec $\frac{265}{150}$ mètres,
1500 hommes le seront avec $\frac{265 \times 1500}{150}$ mètres.

Il faudra donc **2650** mètres de drap pour habiller **1500** hommes.

562. 350 ouvriers ont employé 65 jours pour bâtir une redoute; combien faudrait-il de jours à 455 ouvriers pour en construire une semblable?

SOLUTION. 350 ouvriers ayant mis 65 jours pour bâtir une redoute,

1 ouvrier aurait mis 350×65 jours; 455 ouvriers emploieront $\frac{350 \times 65}{455}$ jours.

455 ouvriers emploieront donc 50 jours à bâtir cette redoute.

563. Une batterie de campagne, tirant 184 coups par heure, a des munitions pour 39 heures; de combien faut-il réduire par heure le nombre des coups, pour faire durer ces munitions 13 heures de plus?

SOLUTION. Si en tirant pendant 39 heures on peut tirer 184 coups à l'heure,

Pour user les mêmes munitions, en tirant pendant une heure seulement, on en tirera 39×184.

En tirant pendant $39 + 13$ heures, ou pendant 52 heures, on ne devra tirer à l'heure que $\frac{39 \times 184}{52}$ coups.

Le nombre des coups tirés par heure doit donc être réduit à **138**.

564. Un boulanger est convenu avec un chef d'établissement de faire chaque jour, pour 135 élèves, la fourniture du pain, à raison de 6 hectog. par chacun d'eux; le nombre des élèves s'étant accru de 27, sans que la quantité de pain fournie ait été augmentée, quelle est la ration de chaque élève?

SOLUTION. La quantité de pain fournie donnant à chacun des 135 élèves une ration de 6 hectog., si leur nombre se réduisait à un seul élève, il pourrait consommer en un jour 6 hectog., répétés 135 fois. $135 + 27$ ou **162** auront donc pour ration journalière $\frac{6 \times 135}{162}$ hectog.

La ration de chaque élève se trouve donc réduite à 8 hectog.

565. Un charpentier a employé, pour les planchers d'une maison, 135 planches larges de 0ᵐ,22 ; combien en aurait-il employé d'une largeur de 0ᵐ,15 ?

Solution. 135 planches larges de **22** centimètres ayant suffi pour faire l'ouvrage en question, si leur largeur n'eût été que de **1** cent., on en aurait employé 135×22 ; si leur largeur est de **15** centimètres, on en emploiera $\frac{135 \times 22}{15}$.

On aurait donc employé **198** planches larges de **15** centimètres seulement.

566. Un fontainier a employé, pour conduire les eaux d'une fontaine, 25 tuyaux en fonte de 1ᵐ,35 de long ; combien aurait-il dû employer de tuyaux d'une longueur de 2ᵐ,25 pour arriver au même but ?

Solution. Si les tuyaux ayant **1** mètre **35** centimètres de longueur, **25** ont suffi pour conduire les eaux à destination, les tuyaux n'ayant qu'un mètre de long, on en aurait dû employer $25 \times 1,35$; s'ils ont une longueur de **2** mètres **25** centimètres, on en emploiera $\frac{135 \times 25}{225}$.

On aurait donc dû employer seulement **15** tuyaux d'une longueur de **2** mètres **25** centimètres.

567. 345 soldats ont brûlé en 10 heures 172500 cartouches ; en combien d'heures 150 soldats les auraient-ils brûlées ?

Solution. 345 soldats ayant mis **10** heures pour brûler ces cartouches, 1 seul soldat y eût employé 345×10 heures ; 150 les brûleraient en $\frac{3450}{150}$ heures.

Ces soldats auraient donc brûlé **172500** cartouches en **23** heures.

PROBLÈMES

Sur les règles d'intérêt et d'escompte.

568. Déterminer l'intérêt simple d'un capital de 8460 fr. placé pendant 3 ans 3 mois au taux de 6 pour 100.

SOLUTION. 3 ans 3 mois font 1170 jours.

L'intérêt de 100 fr. pour 360 jours étant 6 fr.

celui de 1 fr. sera $\dfrac{6}{100}$ fr.

celui de 1 fr. pour 1 jour sera $\dfrac{6}{36000}$ fr.

celui de 8460 pour 1 jour sera $\dfrac{6 \times 8460}{36000}$ fr.

enfin, celui 8460 pour 1170 jours sera $\dfrac{6 \times 8460 \times 1170}{36000}$ fr.

L'intérêt cherché est donc 1649 fr. 70 c.

569. Un capital prêté pendant 15 mois à 6 pour 100 a produit 3240 fr. d'intérêt; quel est ce capital ?

SOLUTION. 15 mois valent 450 jours.

6 fr. après 360 jours proviennent de 100 fr.

1 fr. après 360 jours provient de $\dfrac{100}{6}$ fr.

1 fr. après 1 jour provient de $\dfrac{36000}{6}$ fr.

3240 fr. après 1 jour proviendront de $\dfrac{36000 \times 3240}{6}$ fr.

enfin, 3240 après 450 jours proviendront de $\dfrac{36000 \times 3240}{6 \times 450}$ fr.

Le capital cherché est donc 43200 fr.

570. Une somme de 60000 fr. est restée placée 750 jours et a produit après ce temps un intérêt de 6250 fr.; quel était le taux de l'intérêt?

SOLUTION. 60000 fr. ayant produit en 750 jours 6250 fr.

1 fr. a dû produire $\dfrac{6250}{60000}$ fr.

1 fr. a dû produire en un seul jour $\dfrac{6250}{60000 \times 750}$ fr.

1 fr. a dû produire en 360 jours $\dfrac{6250 \times 360}{60000 \times 750}$ fr.

100 fr. rapportaient donc $\dfrac{6250 \times 36000}{60000 \times 750}$ fr.

Le taux cherché était donc 5 fr.

371. Un usurier a prêté une somme de 3650 fr. à raison de 15 pour 100; quelle somme l'emprunteur devra-t-il lui rembourser après 180 jours?

SOLUTION. Il est évident que la somme à rembourser à cet usurier sera égale à la somme qu'il a prêtée, augmentée de l'intérêt qu'elle a produit.

Si 100 fr. en 360 jours rapportent $\qquad$ 15

1 fr. en 360 jours rapporte $\dfrac{15}{100}$ fr.

1 fr. en 1 jour rapportera $\dfrac{15}{36000}$ fr.

3650 fr. en 1 jour rapporteront $\dfrac{15 \times 3650}{36000}$ fr.

3650 fr. en 180 jours rapporteront $\dfrac{15 \times 3650 \times 180}{36000}$ fr.

L'intérêt cherché sera donc 273 fr. 75 c., et la somme à rembourser à l'usurier de 3923 fr. 75 c.

372. Une somme de 30000 fr. prêtée à 6 pour 100 a produit un intérêt de 7860 fr.; pendant quel temps a-t-elle été placée?

SOLUTION. 100 fr. rapportent 6 fr. après 360 jours, 1 fr. rapportera 6 fr. après 36000 jours.

1 fr. rapportera 1 fr. après $\dfrac{36000}{6}$ jours.

30000 fr. rapporteront 1 fr. après $\dfrac{36000}{6 \times 30000}$ jours.

30000 fr. rapporteront 7860 fr. après $\dfrac{36000 \times 7860}{6 \times 30000}$ jours.

Le temps cherché est donc de 1572 jours.

373. Une somme de 1845 fr., placée pendant 4 ans, a produit 369 fr. d'intérêt; à quel taux était-elle placée?

SOLUTION. Si 1845 fr. ont produit dans 4 ans 469 fr.

1 fr. a dû produire dans le même temps $\frac{369}{1845}$ fr.

1 fr. a produit dans un an $\frac{369}{1845 \times 4}$ fr.

100 fr. produisaient donc dans un an $\frac{369 \times 100}{1845 \times 4}$, ou 5 fr. donc le capital 1845 fr. était placé au taux de 5 pour 100.

574. Un capital placé à 6 pour 100 a rapporté en 825 jours 13540 fr. d'intérêt; quel était ce capital?

SOLUTION. Si 6 fr. viennent en 360 jours de 100 fr.

1 fr. proviendra en 360 jours de $\frac{100}{6}$ fr.

1 fr. proviendra en 1 jour de $\frac{100 \times 360}{6}$ fr.

13540 fr. proviendront en 1 jour de $\frac{36000 \times 13540}{6}$ fr.

13540 fr. proviendront en 825 jours de $\frac{36000 \times 13540}{825 \times 6}$ fr.

Le capital cherché est donc de 100000 fr.

575. Un billet de 2700 fr. est payable dans 30 jours; quel escompte doit-il subir, le taux de l'escompte étant 8 pour 100?

SOLUTION. En suivant pour la solution de cette question la marche indiquée (Arith., nº 305) pour déterminer l'intérêt d'un capital prêté à un taux connu pour un temps donné,

L'escompte prélevé sur ce billet doit s'élever à 18 fr.

576. Un billet de 8560 fr., *escompté* à 6 pour 100, a subi, à titre d'escompte, une retenue de 128 fr. 40 c.; à quelle époque était-il payable?

SOLUTION. En suivant pour résoudre ce problème la marche indiquée (Arith., nº 311) pour déterminer le temps pendant lequel un capital a été placé à intérêt simple, on trouve que le billet en question devait être payé après 90 jours.

577. Un particulier emprunte 1500 fr. à un banquier et fait, 4 mois après, un nouvel emprunt de 1000 fr.;

6 mois plus tard, il rembourse 800 fr., et 10 mois après 500 fr.; enfin, il veut s'acquitter 3 ans 4 mois après le premier emprunt; on demande ce qu'il doit alors au banquier, sachant qu'il paye 5 pour 100 à intérêts composés.

SOLUTION. On cherche d'abord ce que devient chaque somme empruntée ou remboursée, y compris les intérêts composés à l'époque du règlement de compte; on réunit ensuite, d'une part, les sommes empruntées, de l'autre les sommes remboursées, et en soustrayant le dernier résultat du premier, on obtient pour différence la somme à verser par l'emprunteur pour acquitter sa dette.

Ainsi : 1500 fr. prêtés pendant 3 ans 4 mois valent après ce temps   1775 fr. 54 c.

Les 1000 fr. après 3 ans valent   1157   63

La somme totale à payer est donc de   2933   17

Mais les 600 fr. rendus 2 ans 6 mois avant l'échéance valent alors, y compris les intérêts, 678 fr. 04 c.

Et les 500 fr. versés 1 an 8 mois avant le terme valent 534 fr. 48 c.

La somme dont le banquier doit tenir compte est donc de   1222   52

Laquelle somme, retranchée de la première, donne pour différence.   1710   45

Il est donc redû au banquier une somme de   1710   45

578. Un particulier voulant entreprendre un voyage laisse entre les mains de son banquier une somme de 180000 fr. dont celui-ci doit lui payer l'intérêt à 4,50 pour 100 par an. Après une absence de 4 ans 8 mois, ce particulier se présente pour toucher les intérêts de son capital; combien doit-il recevoir ?

RÉPONSE. Il doit recevoir 37800 fr.

579. Un individu prête une somme de 135000 fr.

pour 3 ans, à condition qu'on lui remboursera avec le capital les intérêts des intérêts au taux de 5,50 pour 100 par an. Quelle somme devra-t-il toucher après ces trois années? A combien s'élèveront les intérêts?

Réponse. Cet individu devra toucher une somme de 158522 fr. 58 c., y compris les intérêts, qui y entrent pour 23522 fr. 58 c.

580. Combien rapporteront 50000 fr. placés, pendant 2 ans 5 mois, à intérêts composés et au taux de 6 pour 100?

Réponse. 50000 fr. rapporteront dans 2 ans 5 mois une somme de 7584 fr. 50 c.

581. Combien rapporteront 500000 fr. placés, pendant 2 ans 5 mois, à intérêts composés et au taux de 6 pour 100?

Réponse. Cette somme rapportera 75845 fr. d'intérêts.

PROBLÈMES

Sur les règles de société.

582. Trois négociants forment une société dans laquelle le 1er place 150000 fr., le 2e 135000 fr., le 3e 92000 fr.; lors de la dissolution ils ont perdu 30000 fr.; quelle doit être la perte de chacun?

Solution. La somme 377000 fr. des trois mises étant déterminée, on raisonne de la manière suivante :

Si, sur une somme de 377000 fr., on a éprouvé une

perte de 30000 fr. ; sur 1 fr. on a perdu $\frac{30000}{377000}$ fr. ; sur 150000 on a donc perdu $\frac{30000}{377000} \times 150000$ ou 11936 fr. 34 c. ; sur 135000 fr. on en a perdu $\frac{30000}{377000} \times 135000$ ou 10742,71, enfin, sur 92000 fr. on en a perdu $\frac{30000}{377000} \times 92000$, ou 7320,95.

La perte du 1er commerçant s'est donc élevée à 11936 f. 34 c.; celle du 2e à 10742 fr. 71 c., et celle du 3e à 7320 fr. 95 c., sommes qui réunies donnent un total de 30000 fr.

585. Quatre communes renferment, la 1re 1350 habitants, la 2e 800, la 3e 675, et la 4e 480; on répartit entre ces communes une contribution de 1250 fr.; quelle part doit payer chacune d'elles?

Solution. Le total 3305 des habitants de ces quatre communes étant effectué, on raisonne ainsi qu'il suit :

Si, sur 3305 individus, on doit prélever une contribution de 1250 fr., un seul individu devra payer $\frac{1250}{3305}$; 1350 payeront $\frac{1250}{3305} \times 1350$ fr.; 800 auront à payer $\frac{1250}{3305} \times 800$ fr.; 675 donneront $\frac{1250}{3305} \times 675$ fr.; enfin 480 payeront $\frac{1250}{3305} \times 480$ fr.

Chaque commune payera donc pour sa part : la première, 510 fr. 59 c.; la seconde, 302 fr. 57 c.; la troisième, 255 fr. 30 c.; la quatrième, 181 fr. 54 c. Ces quatre sommes additionnées forment, en effet, les 1250 fr. à prélever.

584. Un individu laisse par testament une somme de 14800 fr. à répartir entre trois bureaux de bienfaisance; l'un de ces bureaux a 3000 pauvres, le 2e 5300, le 3e 2150; combien chaque bureau doit-il toucher?

Solution. Les pauvres dés trois bureaux réunis forment 10450 individus; on raisonne de la manière suivante :

Une somme de 14800 fr. devant être répartie également entre 10450 individus, un seul d'entre eux aura pour sa part $\frac{44800}{40450}$ fr., 3000 en auront $\frac{44800}{40450} \times 3000$; 5300 en auront $\frac{44800}{40450} \times 5300$; enfin, 2150 en toucheront $\frac{44800}{40450} \times 2150$.

La part du premier bureau de bienfaisance s'élèvera donc à 4218 fr. 50 c., celle du second à 7506 fr. 53 c.; et enfin celle du troisième sera de 3014 fr. 97 c.; ces trois parts forment ensemble la somme à partager.

385. Trois marchands ont placé dans une entreprise, le 1ᵉʳ 45800 fr., qui y sont restés 15 mois; le 2ᵉ 38000, qui y sont restés 18 mois, et enfin le 3ᵉ 60000, qui y sont restés 22 mois, après lesquels ils ont cédé avec un bénéfice de 50000 fr.; quelle doit être la part de chacun?

SOLUTION. Pour résoudre cette question, on dit :

45800 fr. placés pendant 15 mois rapporteront autant que 15 fois cette somme ou 687000 fr., placés pendant un mois seulement; de même 38000 fr. employés durant 18 mois doivent produire le même bénéfice que 18 fois cette somme ou 684000 fr. employés durant un mois seulement; enfin 60000 fr. produiront en 22 mois le même bénéfice que 22 fois cette somme ou 1320000 en 1 seul.

On est donc ramené à répartir les 50000 fr. de bénéfice entre les trois nouvelles sommes, 687000 fr., 684000 fr. et 1320000 fr.

On trouve, en raisonnant ainsi qu'il a été fait précédemment, que chaque négociant doit retirer pour sa part, le premier 12764 fr. 77 c , le deuxième 12709 fr. 03 c., le troisième 24536 fr. 20 c.; ces trois sommes réunies donnent les 50000 fr. à partager.

386. Quatre voituriers se sont engagés à transporter des marchandises en différentes villes pour une somme de 2833 fr. Le 1ᵉʳ a conduit 240 kilogrammes à 12 lieues; le 2ᵉ 80 kilog. à 20 lieues; le 3ᵉ 428 kilog. à 15 lieues, et le 4ᵉ 600 kilog. à 5 lieues; on sait de plus que la

difficulté des chemins est exprimée respectivement par les nombres 2, 3, 5 et 4; que le 2ᵉ voiturier, qui a fait le marché, doit prélever 100 fr. avant le partage. On propose de déterminer ce qu'il revient à chacun.

Solution. On voit dans cette question que les parts dépendent de trois circonstances différentes qu'il faut réduire à une seule. Or, il est clair que le transport de 240 kilog. à 12 lieues vaut autant que celui de 240 kilog. × 12 ou 2880 kilog. à 1 lieue, et qu'on ramènera à l'unité la difficulté de chemin qui est représentée par 2, en supposant la conduite de 2880 kilog. × 2 ou 5760 kilog. à 1 lieue; ainsi le nombre proportionnel correspondant à la part du 1ᵉʳ voiturier est 5760. Raisonnant de même pour obtenir les trois autres, on trouvera qu'ils sont respectivement 4800, 32100 et 12000. Enfin, retranchant de la somme à partager les 100 fr. appartenant au second voiturier, selon la convention établie, ce qui la réduit à 2733 fr., le problème se change alors en cette règle de société simple :

Quatre voituriers ont conduit à leur destination pour 2733 fr., le 1ᵉʳ 5760 kilog. de marchandises, le 2ᵉ 4800 kilog., le 3ᵉ 32100 kilog. et le 4ᵉ 12000 kilog. On demande combien il revient à chacun.

Résolvant cette règle de société simple ainsi qu'il a été fait précédemment, on trouve que le 1ᵉʳ voiturier touchera 288 fr., le 2ᵉ 240 + 100 ou 340 fr., le 3ᵉ 1605 fr., et le 4ᵉ 600 fr.

FIN DES PROBLÈMES DE L'ARITHMÉTIQUE DÉCIMALE.

Paris.— Typ. de Mᵐᵉ Vᵉ Dondey-Dupré, rue Saint-Louis, 46.

www.ingramcontent.com/pod-product-compliance
Lightning Source LLC
Chambersburg PA
CBHW061351060726
47597CB00003B/820